KB039385

나를 찾아 떠나는 여행

나를 찾아 떠나는 여행

미국 이민생활과 발칸반도 여행기

배 건 수

열린서원

3월에 들어선 첫 날, 북극에서 내려온 찬 공기가 아직도 우리 머리 위를 맴돌고 있다. 수은주가 내려앉은 만큼 우리 몸도 시리다. 완강히 버티고 있는 겨울도 순환의 원리에 따라 조만간 물러날 것이다. 우주만물은 항시 돌고 변하기에 이전의 모습을 유지할 수 없듯, 그 법칙에 갇혀 있는 내 육신 역시 노화 상태로 변해 있다. 하지만 영혼에서 나오는 외로움만큼은 시간이 흘러도 변환하지 않은 고정불변이다. 인간은 홀로 태어나 홀로 세상과 단절된 생활을 하다 결국에는 홀로 무덤으로 가야하는 허무와 외로움에 젖어 산다. 그 허무와 외로움은 우리 스스로 선택한 것이 아니라 강요된 현실에서 발생하는 인간이 인간에 대한 그리움이다. 이유는 영겁부터 홀로였던 신은 항상 외로웠고, 그 외로움을 인간의 영혼 깊은 곳에 숨겨놓은 채 창조작업을 마무리했기 때문이다. 그러기에 신이 실수를 스스로 인정하고 인간을 재창조하지 않는 이상 우리는 그 외로움이나 고독으로부터 단절되거나 해방될 수 없다. 육신이 활발했던 시절에 느꼈던 외로움을 면밀히 분석해보면 자신에 대한 신뢰부족과 다가올 죽음에 대한 공허함과 두려움이 주된 원인이었다. 그러기에 외롭다는 것은 내 속에서 근원도 알 수 없는 욕망이 바스락거리고 있다는 것이고, 아직도 자신이 갖고 있는 결핍을 보충하지 못했다는 뜻이다. 누구나 산다는 것은 외로운 것이고, 외롭다는 것은 가족, 친구, 군중 등 타자로부터 오는 사랑이 사무치게 그립다는 것이다. 하지만 그러한 사랑은 언젠가는 사라지는 일시적이고 무의미한 것일 뿐이다. 이 말은 우리들의 내면에서 나를 찾으려 집중하지 않고 외면에서 나의 존재를 찾으려는 그릇된 방법을 택했기에 외롭다고 느껴진다는 뜻이다. 이제 우리는 내면에서 나를 찾고 홀로 사는 법을 배워야 한다. "삶이란 타인과의 관계에서 어떤 의미를 찾아가는 여정이 아닌 본래의 나를 찾기 위한 투쟁이다"고 정신분석학자 칼 쿠스타프융(Carl Gustav Jung)은 말했다. 더불어 "밖을 보는 자는 꿈을 꾸지만 내면을 드려다 보는 자는 깨어난다"는 그의 말이 오늘따라 가슴 깊이 와 닿는다. 외롭다고 느낄수록 이전의 내가 아니라며 거부하는 대자존재가 되어야한다. 외로움은 나의 본래의 모습을 밝혀내기 위한 선물과 같은 것이다. 하지만 현대인들은 홀로 존재하는 법을 배우려 시도하지 않고 지독하게 외롭다고만 외쳐 댄다. 외로움이 찾아올 때 모든 사람이 내면을 들여다보며 자신의 본래 모습을 찾아가는 여정이 되기를 소망한다.

2023년 3월 초하루 New York Bayside에서

목 차

V. 삶과 죽음, 생명에 대한 단상

VI. 인생이란 무엇인가?

VII. 발칸반도를 찾아서

I

지구환경

대한민국은 쓰레기 지옥

- 망가져가는 지구를 살리자 -

몇 달 전, '자고 나면 새로 솟는 쓰레기 산'이라는 다큐멘터리를 본 적이 있다. 간추려보면 대한민국이 세계최대 플라스틱 소비국 중 하나로 1년에 15미터 높이의 쓰레기 산이 100개 이상 만들어진다는 심각한 내용이다. 문제는 계속 쌓다 보니 압력으로 인한 유독가스와 오염수가 생성되고 자연 발화는 물론, 평소에도 사람이 다가가갈 수 없을 정도로 엄청난 악취와 먼지가 난다. 이 시간에도 개념 없이 마구 버려 대는 쓰레기가 생태계를 교란시킬 뿐 아니라, 지구온난화의 주범이라는 것을 부인할 수 없다. 통계에 의하면 알려진 쓰레기산 외에 몰래 방치되어 있는 쓰레기가 250만 톤을 상회한다고 한다. 방치된 쓰레기는 마피아들의 치밀한 계획범죄로, 빈 공장 혹은 공터를 익명과 가명으로 임대해서 분리하지 않은 쓰레기를 쌓아 놓고 야밤에 도주하는 방법을 사용한다. 밝혀진 것만 이 정도이니 실제로는 400만 톤을 상회할거라고 나름 추측해 본다. 불법으로 투기 된 쓰레기 속에는 독성이 너무 강해 극소량만 인체에 들어와도 치명적인 화학약품과 세균이 득실거리는 병원 쓰레기도 섞여 있었다. 그리고 몇 해 전에 어느 기업에서는 방사능에 오염된 건자재를 일본에서 수입해 도로공사에 사용했다는 뉴스도 있었다. 정부가 이런 심각한 상황을 인지하고 환경오염은 물론 인체에 해로운 불법투기와 오염된 쓰레기 수입이 더 이상 일어나지 않도록 행정조치나 강력한 법집행이 이루어져야 한다는 것이 내 소견이다. 또한 환경을 오염시킨 불법투기자에게 구상권을 청구해야 하고, 국민의 건강을 담보로 벌인 사악한 범죄이기에 조금이라도 간여 된 사람들은 오랜 기간 사회로부터 격리시켜야 한다. 현재 한국에서 가장 심각한 쓰레기종류는 플라스틱이라고 한다. 코로나가 유행하기 직전인 2019년엔 전 세계적으로 3.2억톤의 플라스틱이 생산되었고, 1인당 플라스틱 쓰레기를 가장 많이 배출하는 국가는 60Kg의 호주, 2위는 54Kg의 미국, 3위는 45Kg을 배출하는 영국과 한국으로 집계되었다. 비대면이 실행되어 식당을 찾을 수 없던 2020년 봄부터 2022년 봄까지 2년 동안 개인당 플라스틱사용이 20%넘게 증가하였다고 하니 한국 같은 경우는 1년에 1인당 55Kg정도 배출되었다는 계산이 나온다. 그런데 호주와 미국은 1km²당 인구밀도가 3명과 35명에 불과해 쉽게 매립할 수 있는 토지를 가지고 있지만, 한국 같은 경우는 협소한 국토 때문에 폐기할 수 있는 장소를 찾기가 힘들다고 한다. 현재 대한민국은 인구 뿐 아니라 쓰레기도 포화상태를 넘어섰고, 이런 상태라면 50년 후인 2070년쯤이면 전국토가 폐기장이 되어 더 이상 쌓아 둘 곳이 없다는 계산이 나온다. 또한 세계 환경전문가들은 매년 800만톤의 플라스틱 쓰레기가 바다로 흘러 들어가는 것을 바다 생물의 존망으로 보고 있다. 플라스틱은 시간이 지나면서 미세입자로 분해되고, 먹이사슬을 통해 결국 인간에게 도달한다. 사슬을 통해 인간은 해로운 독성물질을 섭취하고, 이로 인해 각종 병을 유발할 뿐 아니라 수명까지 단축시키는 것이다. 뿐만 아니라, 육지에서는 생명의 근원인 식수에서 조차 미세한 플라스틱입자가 발견되는 최악의 상황에 봉착해 있다. 한마디로 생활의 편리를 위해 만들어낸 플라스틱을 한 두번 사용하고 버림으로써 해양과 육지와 대기를 황폐하게 만들어 동식물의 생존에 영향을 주고 있는 것이다. 학자들은 이런 파멸의 위기에서 벗어나기 위해서는 현재 9%인 플라스틱 쓰레기 회수율을 99.99% 이상으로 올려야만 자연생태계가 보존 될 수 있다고 말한다. 그리고 유해화학물질을 최소 500년 동안 유출하는 플라스틱보다는 생분해(生分解)가 되는 상품으로 대체해서 지구의 황폐화를 막아야 한다고 제시한다. 환경오염의 대표적인 사례는 플라스틱 뿐 아니라 원자로에서 핵분열 후 남은 고준위 폐기물이다. 2011년 후쿠시마 원전사고를 일으킨 일본은 올해부터 반감기가 12.3년인 삼중수소(tritium)와 반감기가 자그마치 5,700년이나 되는 탄소-14(carbon-14), 라돈, 스트론튬-90, 아이오딘-131 등 죽음의 물질을 거르지 않은 채, 130만 톤이 넘는 오염된 물을 수년에 걸쳐 방류한다고 한다. 방사능에 오염된 냉각수에는 이처럼 위험한 물질이 포함되어 있어 생물체내에 유입되면 세포조직과 결합해 유전자손상은 물론 유전적으로 돌연변이를 초래하는 심각한 원소이다. 인접 국가들의 호소에도 불구하고 일본정부가 결정한 강제방류는 심각한 해양오염은 물론 전 세계를 방사능에 노출시켜 지구의 존재자체를 위협하는 결과를 낳을 것이다. 역지사지라고 했던가. 일본은 아시아의 단합과 서양으로부터 해방이라는 기치아래 대동아공영권을 선포하고 아시아 국가들에게 크나큰 피해를 줬던 만행처럼, 현재에 와서도 세계를 대상으로 '내가 살기 위해서는 너는 죽어도 괜찮다'는 악행을 보이고 있는 것이다. 그리고 세계의 공장인 중국은 지구가 망하든 말든 돈벌이만 되면 무슨 일이든 할 수 있다는 악독한 상업정신을 보며, 전 세계를 통틀어 일본과 중국 이 두 나라만큼 지구환경에 대해 무관심한 폐해국도 없다는 것을 깨닫는다. 어쨌든 지구의 존망이 걸린 환경파괴와 오염의 근원을 살펴보면 16세기부터 시작된 자본의 점유와 쟁탈 때문에 일어난 사건으로, 영국, 프랑스를 비롯한 서구제국이 주된 나라이다. 더불어 끊임없이 이어지는 전쟁의 소용돌이 속에서 자본이 곧 힘이라는 것을 알게 된 유럽국가들은 전 세계를 대상으로 앞다퉈 식민지를 개척하기 시작하였다. 개척한 식민지에 비싼 값으로 물건을 내다 팔고, 무상으로 자원과 인력을 갈취하는 악랄한 행태가 발생한 배경에는 전쟁비용을 충당하기 위한 왕실과 타락한 교회가 자리하고 있다. 특히 교회는 정복자들과 자본가들을 위해 일부러 성경을 오도되게 해석을 했다. 권력과 돈의 시녀가 된 교회는 식민지를 개척할 때에 당연히 따라오는 자연파괴를 죄과 없이 용인했다. 자연을 파괴해도 괜찮다고 합리화한 것은 창세기 1장 28절의 '하나님이 그들에게 복을 주시며 하나님이 그들에게 이르시되 생육하고 번성하여 땅에 충만하라. 땅을 정복하라. 바다의 물고기와 하늘의 새와 땅에 움직이는 모든 생물을 다스리라 하시니라.'에서 창조주의 뜻에 따라 인간이 '땅을 잘 관리하고 보존하라'는 뜻을 너희 마음대로 해도 괜찮으니 '땅을 정복하라'는 뜻으로 바꾸어 버렸기 때문이다. 이 말은 교회가 자본가들의 탐욕을 위해 자연을 무자비하게 파괴해도 괜찮다는 말로 왜곡시켜 버렸다는 뜻이다. 시간은 일직선으로 흘러가기에 과거는 없고, 오로지 현재만을 신봉하는 자본주의적 기독교사상이 자연파괴를 부추겨 인간의 미래가 없도록 방기했다면, 동양종교는 '자연과 인간은 하나이며, 우리가 애써 보전해야 하는 우주'로 본 것이다. 한마디로 기독교는 탐욕을 완성시키려 하나님이 창조하신 자연을 파괴하는데 주력했고, 동양종교는 과거부터 자연과 인간은 본디 하나이며 더불어 살 수밖에 없다는 것을 강조하며 보존하려 힘썼다는 말로 대체할 수 있다. 그러기에 물질세계를 강조하는 서양문화는 이성중심의 세계관이며, 도를 강조하는 동양문화는 인간과 자연중심의 세계관이기에 출발점부터 천양지차다. 자연과 인간의 관계는 '네가 있고 내가 있는 것'을 인정하는 상통(相通)이며, '존재함으로써 존재할 수 있는' 상생(相生)이다. 이 말은 서로의 관계가 존재의 기초이며 우주의 원리이고, 기독교에서는 이것을 사랑이라고 말한다. 교회는 로마제국과 하나가 되면서 현재까지 Mammon신을 섬기는 장소로 변질되어버린 것을 부인할 수 없다. 로마제국과 하나가 된 이후 성경말씀과 유사하게 포장한 기독교 교리와 사상이 탄생하고 재탄생하게 되었으며, 더불어 중세와 근대 기독교는 물질의 풍요로움이 정점에 와 있었다. 오죽했으면 엥겔스와 마르크스가 타락된 교회를 보면서 '신은 없다. 기독교는 민중의 아편이기에 유럽 땅에서 완전 소멸시켜버려야 한다'고 외쳤겠는가. 유물론을 숭배하는 기독교의 최대 실수는 지금의 공산주의가 탄생하게 된 계기를 마련해준 악행이다. 이런 점에서 유물론을 숭배하는 기독교는 공산주의의 근본이 되는 유물론의 원리와 다를 바 없다. 서구문명에 무분별한 개발을 설파했던 기독교가 이제는 과거의 잘못을 반성의 모습으로 '자연훼손은 곧 지구의 멸망이다. 자연복구에 교회의 명운을 걸어야 한다'고 선포하고 실행해야 한다. 그리고 '자연은 신이고, 신은 자연'이라는 것도 성도들에게 설파해야 한다. 이렇게 말해야 하는 이유는 우주만물은 신의 사랑으로 창조되었다는 성경말씀 때문이다. 인간은 지구를 관리해야 할 신의 대리인이다. 땅과 바다와 창공을 개발할 권리도 없다. 그리고 자연을 훼손하지 않고 자연 속에서 살다 생을 마치는 것이 바른 이치이고, 이것이 성경의 내용이며 도이다. 자연을 개발하면 당장은 편리함을 누릴지 모르나 더 이상 훼손되면 인간은 지구에서 사라진다는 것을 깨달아야 한다. 자연을 개발한다는 것은 쓰레기를 생산하는 것이고, 쓰레기는 결국 살아있는 모든 것을 죽인다는 뜻이다. 그래서 나는 오늘도 꿈을 꾼다. 과학문명의 시대가 아닌 자급자족하던 원시사회로 돌아갔으면 좋겠다고. 성도들은 오도된 성경내용을 가르치는 교회에 과감하게 대항하고, 끝없는 사랑을 부여하시는 하나님만 믿으며 살아가겠다는 신앙이 충만했으면 좋겠다.

2023년이 시작되는 정월 초하루, 망가져 가는 지구를 살리기 위해 종교와 인종, 자본주의나 공산주의라는 국가정체성이 아닌, 모든 인류가 하나가 되어 노력하기를 소망한다.

잉여 음식은 환경오염이다.

- 무위자연의 삶을 추구하며 -

정초 아침부터 찬비가 내린다. 야윈 나뭇가지 위에 위태롭게 걸 터 있는 빈 둥지에도 때 아닌 겨울비가 주룩주룩 내리고, 태양광 패널 위로 쏟아지는 비는 반동법칙에 따라 날카로운 송곳이 되어 튀어 오른다. 시나브로 차갑고 무거운 빗줄기에 온 대지가 젖어가는 아침, 오늘도 어김없이 반려견과 함께 산책을 마치고 집으로 돌아간다. 걷던 도중 연유도 없이 1980년대 민주화운동을 그려낸 시가 불쑥 떠올랐다.

내 잔등에 쉴 새 없이 내리는 비는
밤을 새워 내 가슴에 고인 눈물입니다.

날마다 피 멍든 몸 하나로
가도가도 아득한 진흙탕길,

내 잔등에 억수같이 내리는 비는
한 시절 남모르게
숨어서 흘리는
내가 아는 슬픈 이들의 눈물입니다.

양성우 - 〈비〉

비에 젖고 시에 젖어 시무룩한 마음으로 집에 들어서니 아내가 냉장고에서 끄집어낸 식품들이 바닥 여기저기에 널브러져 있다. 반려견의 젖은 털을 닦아주고 있을 때, 냉동고 벽에 붙어 있던 얼음을 제거하더니 이미 나와 있던 냉동식품을 양쪽으로 구분해 놓는다. 한쪽에 몰아 놓은 팩들을 살펴보니 놀랍게도 유통기간이 지난 냉동식품이 얼추 반이나 된다. 이어 김치냉장고를 살펴보더니 김치를 제외하고 상한 채소들을 솎아낸다. 폐기할 포장식품과 채소를 쓰레기봉투에 담아 들어보니 10Kg은 족히 된다. 아내의 쓸데없는 욕심이 생각지도 않은 참사를 불러일으키고, 화를 참지 못해 쓴 소리를 퍼붓는다. "이게 다 돈인데 아깝지 않느냐? 사오느라고 시간 버려, 공들여 담았는데 먹지도 못하고 버려, 세상에 이런 헛수고가 어디 있느냐? 그리고 버리려고 분류한 냉동식품만 해도 100불어치는 족히 되는데 아깝지도 않느냐? 가난하게 살면서 이 많은 음식을 버린다면 쓸데없는 낭비는 물론이지만 당신이 살림을 제대로 못한다는 증거야. 아프리카나 북한에서는 아직도 기아로 죽어가는 사람이 허다한데 염치도 없이 낭비하고 있다니 이게 말이 돼? 음식 버리는 것도 죄인데 이래도 우리가 하나님의 자녀이며 크리스천이라고 말할 수 있겠어? 며칠 후에 필요도 없는 냉동고는 정리하자. 그리고 필요할 때마다 싱싱한 식품을 그때그때 사 먹자." 고 아내에게 버럭거린다. 우리 집에는 일반냉장고, 김치냉장고, 냉동고가 있지만 사실 일반냉장고 하나만 있어도 충분하다. 그럼에도 아내의 살림 욕심에 김치냉장고와 냉동고까지 구비되어 있는 것이다. 필요이상으로 있다 보니 쓸데없이 식품을 사다 넣고, 결국 유효기간이 지나버려 먹지도 못하고 폐기하는 경우가 허다하다. 버리는 양으로 볼 때, 일단 우리 집 냉동고나 냉장고에 들어가면 유효기간이 지나버린 식품이 되어 나올 확률은 40%에서 50% 정도 된다고 어림해 볼 수 있다. 이렇듯 가정마다 넘쳐나는 음식쓰레기는 플라스틱쓰레기와 더불어 토양과 수질오염은 물론, 지구온난화의 주범이다. 한국에서는 각종 쓰레기 가운데 음식물 쓰레기가 40%를 차지하고 1인당 하루 0.95Kg씩 버린다고 한다. 이런 통계라면 한국보다 먹거리가 넘쳐나는 미국은 1인당 하루 1.3Kg이상은 족히 버린다는 계산이 나온다. 일반적으로 분류된 음식쓰레기는 97%정도 재활용할 수 있지만 무단으로 버려 지기 때문에 90%이상 재활용할 수 없다고 한다. 이 말은 음식쓰레기와 일반쓰레기를 분리하지 않고 비닐봉투에 함께 싸서 버린다는 뜻이다. 그리고 음식물처리 비용이 예상외로 많이 들어가기에 식품회사에서는 가공하고 남은 식품쓰레기를 땅에 묻는 경우도 비일비재하다고 한다. 폐기된 음식물에서 나온 오수는 지하로 흘러들어 수질을 악화시키고, 이럴 경우 음용수로 사용할 수 없게 된다. 또한 지하에 오래 머물러 폐수가 되는 경우에는 농업용수나 공업용수로도 사용이 불가능하다. 이렇듯 음식쓰레기는 토양이나 수질을 악화시킬 뿐 아니라, 부패하면서 발생하는 온실가스 양은 전 세계적으로 35억 톤이다. 음식물에서 나오는 가스가 전체 온실가스 배출량의 7-8%에 해당하는 양이라고 하니 실로 어마어마하다. 세계적으로 식용 가능한 음식이 보관이나 관리소홀로 1/3 정도가 쓰레기로 버려지는데, 선진국에서만 한 해 9억 명분의 양이 폐기되고, 세계적으로는 5,000억 불(한화 650조원)이 넘는 식품이 버려진다. 이 금액은 2023년도 대한민국지출예산 639조원을 뛰어넘는 금액이다. 유엔식량농업기구의 발표에 의하면 선진국에서 9억 명이 먹을 양의 음식쓰레기를 반으로 줄이면 세계 기아인구의 9억 명이 굶지 않을 수 있고, 100%로 완전히 줄이면 18억 명이 먹을 수 있다고 한다. 선진국에서 버리는 한 사람 분의 음식물 쓰레기의 가치가 아프리카나 북한의 기아인구 2명이 배를 채울 수 있다는 것과 상통한다. 그리고 선진 국가에서는 음식물쓰레기가 최종소비단계에서 나오지만, 후진국에서는 보관시설의 미비로 생산 및 유통과정에서 음식물 쓰레기가 나온다. 내 고향 익산은 먹거리가 넘쳐나는 곳으로 백제시대부터 쌀 생산지로 유명했다. 동네만 벗어나면 끝없이 펼쳐진 만경평야가 눈에 들어온다. 내가 사는 환경이 이러다 보니 자연스레 농산물 생산과정을 꿰뚫고 있는 것은 당연하다. 농번기가 되면 모내기를 위해 논에다 엄청난 양의 물을 쏟아 붓고, 고갈된 토양 양분을 보충하기 위해 화학비료를 상당량 사용한다. 또한 생산량을 증가시키려 인체에 해로운 살충제도 다량으로 사용한다. 사용하는 농약의 독성이 얼마나 환경을 피폐하게 만드는지 일반 사람들은 모를 뿐 아니라 이해하려 하지도 않는다. 내 어린 시절엔 살충제나 제초제를 살포하다 세상을 등진 농부들이 한 해에 수십 명에 이를 정도였다. 살포하는 살충제나 제초제가 코를 통해 극소량만 들어와도 치명적이라는 뜻이다. 중요한 것은 오늘도 우리 입으로 들어가는 곡물이나 채소, 육류에는 대표적 발암물질인 에틸렌 옥사이드(Ethylene oxide)등 여러 종류의 잔류농약이 기준치를 넘는다는 사실이다. 이 독성화학물질이 인체 내에 쌓이면 암을 생성하는 것은 기본이고, 유전형질까지 변형시킬 정도로 위험하다. 더 나아가 화학비료와 독성농약을 사용해 재배한 곡물이나 가공된 식품을 폐기하는 것은 유해물질이 토지에 그대로 스며든다는 것이고, 이렇게 오염된 토지에 또다시 독성물질을 사용한 곡식이 생산되는 악순환이 우리의 건강을 더욱 해치고 있는 것이다. 그러기에 인간과 자연이 건강하기 위해서는 플랜테이션농업에서부터 일반농사에 이르기까지 화학비료나 독성농약을 사용하지 않는 유기농사로 전환해야 하며, 음식쓰레기도 줄여야 할 뿐 아니라 재활용을 할 수 있게 모두 노력해야 한다. 현재도 경작지에 비해 인구가 넘쳐나고 2050년에는 100억 명을 돌파할 것이라는 유엔통계를 보면 각종 공해와 식량부족으로 인류가 위기를 맞이할 것은 자명하다. 저명한 일부 학자들은 인구폭발과 넘쳐나는 쓰레기, 각종 독성물질을 과다 사용함으로 2070년대에 최대고비를 맞이할 것이고, 가속화될 경우 2,100년을 넘기지 못하고 지구가 완전히 황폐화될 것이라고 예측한다. 문제는 대부분 사람들이 지구보호에 대한 관심이 없고, 관심이 없는 사람들 전부가 소비자라는 것이 문제이다. 그리고 이런 소비자들에게 소비를 유혹하는 기업의 마케팅도 문제이다. 과잉생산해서 불필요하게 소비를 부추기는 기업들이 오히려 지구를 황폐하게 만드는 주범이다. 기업들의 마케팅을 보면 돈은 일시적이지만 지구는 영원해야 된다는 사리와 상식이 도치되어 있다. 과거에는 그랬더라도 이제 우리가 수요와 공급의 법칙을 깨고 물품을 대량생산해 과소비를 부추기는 대기업의 메피스토펠레스(Mephistopheles) 같은 악마적 농간에 주목해야 한다. 우리의 생활을 풍요롭게 한다는 경제성장이나 그에 따른 소비만족이 지구환경을 파괴한다면, 그 소비는 미덕이 아니라 반자연의 길을 택한 인간의 악행일 뿐이다. 건축에 필요한 목재를 쓰겠다고 삼림을 파괴하고, 바다로 흘러가야할 물길에 보를 만들어 농업용수로 사용하겠다고 경작지에는 태양광패널을, 산지에는 풍력기를 세워 부족한 전기를 생산하겠다고, 거대한 빌딩을 세워 시내를 조망할 수 있게 관광객들을 유치하겠다고 요란을 떠는 나라와 자본가들이 나에겐 가소롭게 보일 뿐이며, 눈 귀 가리고 아웅 하는 쇼이기 때문이다. 솔직히 정부와 자본가가 국민들을 위해 한 번이라도 선의를 베푼 적이 있는가? 환경을 담보로 이득을 취하는 자본가들의 농간이나 자본주의 정부의 감언이설에 속아서는 안 된다. 어쨌든 350년 전만 해도 세계인은 과학 없이 자연과 더불어 잘 살았다. 산업혁명이후 자본가들은 "소비가 대중들의 생활을 윤택하게 하는 선물이고, 생산은 후손들을 위한 준비다"라고 소비자의 축적심리를 이용해 과소비를 주장해왔는데, 더 이상 이런 바보 같은 논리에 속지 말고 깨어 있어야 한다. 인간의 이기로 인해 지구가 생명체 없는 불모지 행성이 되어서는 안 되기에 이제라도 소비를 줄이고, 더불어 자연과 생활할 수 있는 용기와 훈련이 필요하다. 그러기 위해서는 기름지지 않은 자연식으로 하루에 두 끼만 먹고, 핸드폰 사용도 줄여야 한다. 또한 소비가 목적이 되어버린 쓸데없는 여행도 하지 않아야 한다. 대신 마음을 담아 인간을 그리워 해보자. 절제된 생활을 하다 보면 불편 없이 자연과 함께 살아갈 수 있는 힘이 생길 것이다. 늦은 감은 있지만 지금이라도 정부가 학생들에게 자연환경에 관한 윤리교육을 강화 시키고, 국민들에게는 개발과 소비에 대한 종전의 인식을 변화시키는 캠페인을 지속적으로 실행하여 이 위기에서 벗어나야만 한다. '스스로 그러한' 자연을 건들지 않고 순리대로 생활해야만 후손도 살 수 있고 아름다운 지구도 보존할 수 있다. 과학이 인간에게 편리함을 가져다준다며 인위적으로 자연을 건들면 건들수록 인간은 죽음의 나락으로 향해간다는 것을 알아야 한다. 환경문제로 세상이 이렇게 복잡한 것은 자연의 순리에 거스르는 우리들의 이기심과 소비욕구 때문이다. 그러므로 삶에는 잉여가 아닌 절제가 절대적으로 필요하다. 더불어 과소비는 허전함과 허무를 메우기 위한 그저 병일뿐이라는 것을 우리 모두 기억해야 한다. 창 밖에 내리는 비는 갈수록 굵어지고, 폐기할 식품들이 담긴 쓰레기봉투를 들고 집 밖으로 나오다 별안간 '억지로 꾸미지 않고 자연스러움에 삶을 맡기며 사는 것이 세상을 사는 바른 이치'라고 설파한 노자의 '무위자연'이 떠오른다.

II

삶에의 의지

작심삼일(作心三日)

- 우리에겐 내일이 있다 -

작심삼일이란 어떤 일을 계획한 후 실행을 해보지만 사흘이 못 가서 곧바로 흐지부지 된다고 할 때 사용되는 고사이다. 예를 들어 신학기가 시작되자마자 "좋은 대학에 가려면 오늘부터 하루도 놀지 않고 열심히 공부해야 한다. 그렇지 못하면 나는 패배자가 된다."고 이를 갈며 굳게 결심을 하지만 며칠 지나면 스스로 지치거나, 혹은 놀자는 친구들의 유혹에 여지없이 무너져 내린다. 이런 모습을 본 주위 사람들은 "대학에 합격할 때까지 한 눈 팔지 않고 열심히 하겠다더니 작심삼일이네 뭐."하며 비웃는다. 결의가 3일도 안되어 무너질 때, 나 같은 경우는 남의 눈초리보다 내가 이정도 밖에 안 되는 나약한 사람이라며 스스로 마음에 상처를 입는 경험도 해봤다. 목회의 길로 들어선 후, 항상 연말이 되면 정월 초하루부터는 매일 성경 10장이상 정독하고, 읽은 후 가슴에 와 닿는 말씀을 가지고 30분 이상 묵상 기도하겠다고 다짐했다. 마음을 다해 성경을 읽고 기도하다 보면 성령 충만해져 자연스레 경건한 목회자로 변해갈 것이라는 기대에 일주일 정도는 잘 버티며 넘어간다. 하지만 보름정도 지나면 의지가 약해지고 1개월도 안되어서 그 결심은 와르르 무너져 버린다. 살아간다는 것은 끊임없는 선택과 결심의 과정 속에 있는 것이 사실이지만 그것도 잠시, 잘못된 습관을 개선하겠다는 의지보다는 이전처럼 또다시 편리한 쪽을 선택하는 것이 다반사다. 결심은 금기할 것이 많지만 사람 대부분이 이에 상응할 수 있는 강인한 의지가 부족하고, 또한 자동적으로 따라오는 고통을 이기지 못해 목표를 포기하는 것이다. 돌이켜보면 실패의 요소 중 하나는 내가 갖고 있는 의지도 중요하지만 그보다는 같은 목표를 지닌 사람들이 모여 서로를 충고하고 격려가 없기 때문으로 기억한다. 어쨌든 연말이 되면 새해부터는 무엇을 하지 않으므로 목표를 이루겠다는 등 엄청난 결심들이 넘쳐난다. 일반적으로 남성들에게는 금주와 금연일 것이고, 여성들은 다이어트와 피부미용, 성형을 해서라도 아름다운 얼굴로 바꾸겠다는 작심도 있을 것이다. 이외에, 목표를 이루기 위해서는 자기계발이 필요하고, 부족한 무엇을 채우므로 사회적 성공을 하겠다는 결심이다. 경험에 의하면 꿈같은 허무맹랑한 것을 목표로 하는 것이 아닌 성취 가능한 것을 목표로 정해놓고 시작해야 한다. 여기에는 자신을 남들에게 나타내 보이겠다는 의도나 의욕 때문에 시도하는 억지 쇼가 아닌, 기필코 뜻을 이루겠다는 독한 의지와 환경에 동요하지 않는 강한 초지일관의 신념을 필요로 한다. 결심한 사람들의 목표는 개과천선(改過遷善)이며, 일신우일신(日新又日新)이기에 순간순간마다 어려움을 이겨낼 만한 독함이 없으면 사흘은커녕 이틀을 못 넘기고 실패한다. 상대와의 경쟁에서는 어부지리가 있지만 자신과의 싸움에서는 손 안 대고 코 푸는 요행은 결코 없다. 그러기에 작심이란 '무너지고 또 무너져도 목표에 도달하려면 굳은 마음으로 계속해서 시도하고 또 시도한다'는 뜻으로 나름 정리해 보고 싶다. 만약 금연을 실행하고 있던 중에 흡연하는 사람들과 자리를 함께했다고 하자. 계속해서 그들이 뿜어내는 고소한 담배냄새에 강철 같던 의지도 무너지고, 이어 꼭 한 대만 피우고 다시 금연하겠다고 다짐한다. 담배연기가 가득한 자리가 점점 길어지다 보니 옛 습관이 되살아나고, 이왕 피웠으니 이 자리가 파할 때 까지만 흡연하고 내일부터 다시 금연을 시작하자고 결심한다. 그러다 다음날 아침이 되어도 담배 맛을 잊을 수가 없어 괴로움을 느끼고, 이윽고 계획했던 올해의 목표는 실패했으니 내년으로 미뤄버리고 전과같이 본격적으로 담배에 손을 댄다면 그것은 옳은 방법이 아닐 것이다. 작심했던 것이 3일도 못 간다며 괴로워하지만 사실은 그럴 필요가 없는 것이 재차 작심하면 되는 것이고, 이후 3일도 안 돼서 무너지면 또 다시 작심하면 되는 것이다. 포기하지 않고 무너질 때마다 "내가 이렇게 의지가 약했던가. 천하에 몹쓸 것을 배워 이날까지 끊지 못하고 건강을 해치는가."라는 자책과 후회를 반복하다 보면 언젠가는 독기가 발하는 순간이 오고, 다시 금연을 시작하겠다는 신념을 가지고 작심하면 된다. 무너져도 계속해서 작심하면 언젠가는 그 작심이 아름답게 열매를 맺는 시간이 꼭 올 것이라고 확신한다. 작심에는 고진감래(苦盡甘來)가 뒤따른다고 했던가. 쓴 것이 다하면 단것이 오듯, 어려운 것을 참고 극복하면 좋은 일이 오기에 작심에는 그만한 가치가 있는 것이다. 작심은 마치 마라톤 경기와 같다. 강렬한 햇볕을 받으며 달리는 선수의 몸은 불덩이처럼 타오르고, 설상가상으로 갈증과 근육통증 등 온갖 고통을 참아내고 결승선을 통과했을 때 선수들의 얼굴에서 감격과 환희의 미소가 보이는 것처럼, 작심한 것이 이루어졌을 때 우리들의 모습도 이와 같을 것이다. 인생이란 장거리 경주와 같은 것. 작심삼일도 우리가 완주해야 할 구간의 일부일 뿐이다. 달리다 힘들 때는 걸으며 숨을 조절하고 다시 뛰듯, 작심했던 일이 3일도 못 가서 무너졌다고 실망할 필요 없는 것이 우리에겐 내일이 있고 다시 시도할 시간이 있기 때문이다. 그리고 어떤 일을 하든지 단 번에 성공하는 사례는 매우 드물기에 실패에 실패를 감수하며 수 없이 도전하는 용기를 가져야 한다. 무엇이든 한 번으로 성공하면 어떤 일이 닥쳐왔을 때 쉽게 무너질 확률이 크다. 산전수전 다 겪은 사람은 어떠한 변화에도 굳건하듯, 잦은 실패는 오히려 보약이 될 수 있는 것이고, 목표를 성취하고 난 후로는 쉽게 무너지지 않는다. 인생이란 실패의 연속이지 성공의 연속은 없다. 실패의 입김 앞에서 우리의 정신은 강하게 자라는 것이고, 그 실패는 삶의 자양분이 된다는 것을 기억하자. 미국 소설가 Mark Twain은 아주 유명한 애연가였다. 한 번은 친구가 "자네 건강을 위해서라도 당장 금연을 하시게"했더니 "지금 피우고 있는 담배를 끄면 그 이후는 금연이 아닌가? 나는 하루에도 100번 이상 금연을 하네." Mark Twain은 끊을 의지가 전혀 없어 허튼 소리로 합리화했다는 일화가 지금까지 내려오고 있다. Mark Twain같이 시도도 하지 않으려는 사람에게는 하찮은 일이지만 시도를 하는 사람에게는 가치가 있는 큰 시험이며, 더불어 주위 사람의 격려가 있으면 용기가 더해져 시도하는 과정이 수월해질 수 있다. 실패했다고 부끄럽게 생각하지 말자. '올곧게 뻗은 나무보다 휘어 자란 소나무가 더 멋있고, 똑바로 흘러가는 물줄기보다는 휘청 굽이친 강줄기가 더 정답다'고 어느 시인이 말하지 않았는가. 휘어가고 휘청거리며 살아가는 인생. 작심삼일이 아닌 하루에도 우리가 얼마나 많은 것들을 포기하고 실패하며 살아가고 있는지 생각해보자. 한 번 뿐인 인생, 그리고 그 시간 속에서 무수한 실패를 맛볼 것이지만, 실패는 오히려 시도하지 않는 것보다 아름답다. 그리고 수 없는 실패를 맛보고 종국에 목표를 성취해낸 모습은 더 아름답다.

후회와 아쉬움

- 미국이민생활과 자녀 교육에 대한 단상 -

강렬한 북풍이 온 종일 불어 닥치고, 바람의 강도만큼이나 체감온도 역시 상당하게 떨어져 있다. 소설이 낀 맹동월의 거리풍경은 스산하다 못해 건조하게만 느껴지고, 회초리처럼 보이는 앙상한 가지들은 종잡을 수 없는 바람에 정신없이 이리저리 흔들어 댄다. 수은주가 뚝 떨어져 게으름을 피울 만한 날씨지만 오늘도 거르지 않고 사랑하는 반려견과 함께 공원을 산책한다. 산책하다 독일 Karlsruhe에서 목회를 하고 있는 친구가 그리워 카톡에 있는 음성통화를 누르고, 이어 할 말이 많았는지 반시간 가까이 통화를 한다. 통화를 마치자마자 산책의 무료함을 달래기 위해 YouTube에 들어가 1970-80년대에 유행했던 Trot 풍의 대중가요를 찾았다. 그리고 여성 코미디언이었던 김미성의 노래 〈아쉬움〉을 듣는다. 젊은 시절엔 ballade를 좋아

했지만 지금은 Trot가 좋은 것은 가사내용이 번거롭지 않고 따라 부르기도 쉽기 때문이다.

> 그대가 떠나간 뒤 잊겠지 생각했는데
> 생각하면 할수록 그리움 내 맘에 밀리네.
> 잊지 못할 사랑이면 보내지나 말 것을
> 떠나간 뒤에 생각을 하면 무슨 소용 있나요
> 그대가 떠나간 뒤 잊겠지 생각했는데
> 날이 가면 갈수록 그리움 한 없이 쌓이네.
>
> 김미성 노래_〈아쉬움〉

가사내용처럼 아쉬움이 있다는 것은 과거와 연관된 사건을 말끔하게 정리하지 못해 현재까지도 가슴 한구석에 애잔하게 남아 있는 감정을 말한다. 세상을 살다보면 아쉬움이 없는 사람이 누가 있으랴마는 사람마다 느끼는 감성의 정도에 따라 생활에 지장을 줄 수도 있고, 그저 스쳐가는 바람처럼 생활의 한 부분으로 받아들이며 살아가는 사람도 있을 것이다. 이 말은 감성을 제대로 다스릴 수 없을 정도로 예민한 사람이라면 각골난망과 같은 후회의 나락으로 내려갈 수 있다는 것이고, 이와 달리 감정이 무디거나 냉철한 사람은 과거의 실수에 집착하지 않고 단어 그대로 그저 아쉽다는 정도의 상태로 받아들이며 산다는 뜻이다. 살아오면서 선택한 진로(進路)가 아쉬움을 넘어 후회로, 갈망했던 사랑이 원치 않은 짝사랑이 되어버린 아쉬움,

사회성 결여로 원만한 대인관계를 이루지 못하고 고희까지 왔다는 아쉬움들이 있지만 강압적인 자녀교육이 가장 큰 아쉬움과 후회로 남는다. 이민 생활을 시작하자마자 큰 아들은 초등학교에 입학하였고, 작은 아들은 나이가 너무 어려 Kindergarten에 들어가지 못하고 다음해에 들어갔다. 부모가 가르치지 않았음에도 작은 아들은 어릴 적부터 책보는 것을 좋아해 중학교까지 줄곧 좋은 성적을 유지했다. 이후 공립 고등학교 선정에서 해마다 1위를 차지하는 Manhattan의 Stuyvesant High School에 입학하고, 대학은 West Point와 Naval Academy에 합격할 정도로 괜찮았지만 큰 아들은 조금 달랐다. 공부에 있어서는 작은 아들보다 명석하지 못한데다 이민 온지 두 달 밖에 안된 상태에서 곧바로 초등학교에 입학했다. 언어소통문제로 수업내용을 파악하지 못한 것은 물론 동료들과 소통이 안 되어 고통이 쌓여갔고, 더구나 한국과 생활방식이 달라 문화충격까지 더해졌던 기억이 떠오른다. 무식은 지식보다 우위에 있다고 했던가. 그 당시 학교생활에 적응하지 못하고 의기소침해 있는 큰 아이에게 부모가 할 수 있는 것은 어려움을 헤쳐 나갈 수 있는 용기를 북돋아 주고 자존감을 세워주는 것이 최선의 방법이었음에도 오히려 정반대로 성적이 좋지 않다고 매일같이 질책하며 공부를 강요했던 어리석음이 지금까지도 아쉬움을 넘어 뼈에 사무치는 후회로 남아있다. 사실 초등학교에 입학하던 날부터 "책걸상은 나의 적이요, 공부는 나의 라이벌"이라고 외치며 살아온 아버지가 자식에게 이런 요구를 한다는 것은 이치에 맞지 않는 어불성설이다. 이렇게 대학을 마칠 때까지 성적이 하위권으로 공부에는 취미가 없고 노는 것에만 관심을 갖고 있던 아버지가 큰 아들에게 공부만이 성공할 수 있다고 강요한 것이다. 자식에게 강요했던 성공이란 무엇이고, 무엇이 성공인지 분간을 못하는 나의 무지이며 독선이다. 그리고 미국사회에서는 중등교육만 마쳐도 적성에 맞는 직장이 주위에 수두룩하게 널려 있어 평생을 살아가는데 지장이 없는 환경이 조성되어 있음을 알면서도 자식을 향해 부질없는 욕심을 부린 것이다. 소년시절에는 노력하면 어떠한 것도 성취할 수 있다는 자신감과 스스로를 사랑하고 존중하는 자존감, 그리고 상대와 경쟁에서도 물러서지 않는 자존심이 필요한데 북돋아 주기는커녕, 오히려 꾸중으로 대신했던 시간을 생각하며 아버지로서 자격이 없었다는 것을 늦게야 깨달았다. 큰 아들이 대학원을 졸업하고 30대가 되어 가정을 이룰 어른이 되어버렸는데 이제 와서 변명하고 후회하면 무엇 하랴. 상류사회로 쉽게 편입할 수 있도록 미리 준비하라는 입장에서 재촉을 하고 압박을 가한 것이지만 이 시대에 맞는 교육방법이 아닌 내 시대에서나 그럭저럭 통용될 수 있는 원시적인 방법을 도입해 교육했다는 것을 고백한다. 무작정 일을 벌려놓고도 어떻게 해서든 문제를 해결해 가는 나와 달리, 계획했던 일이 잘 이루어지지 않으면 침울하고 소심해져 있던 당시의 큰 아들의 모습이 떠오르기라도 하면 지금도 가슴이 답답하고 억장이 무너지는 느낌이다. 반항도 할 수 없고 의사도 제대로 표현하지 못하는 작디작은 큰 아들에게 계산기처럼 되기를 원했을까. 그리고 누구나 적성에 맞는 생활할 수 있는 다양한 토대가 마련되어 있는데 왜 열심히 공부하라고 강요만 했을까. 학창시절 채우지 못한 것들을 큰 아들을 통해 대리만족을 얻으려 했던 행태에 대해 내 자신에게 애석함과 분노를 느낀다. 적성에 맞는 것들을 찾아 개발시키고 코칭해주는 교육보다는 보호자의 아바타로 만들려는 그릇되고 시대에 뒤떨어진 빛바랜 교육을 강요했던 이민초기 시절의 실수가 이제는 아리다 못해 뼛속까지 쓰리다. 큰 아들의 정서에 지울 수 없는 상처를 준 것은 내 인생에서 최대의 실수이며, 이 고통은 살아있는 동안은 잊지 못할 것이고 무덤까지 안고 갈 것이다. 과거는 돌아올 수 없는 것, 본인 실수로 저질러진 일이기에 내가 안고 가는 것은 당연지사지만 큰 아이가 잃어버린 유소년시절을 결코 잊지 못하고 평생을 안고 갈 것을 생각하니 지금 이 시간도 목이 메인다. 그 시절의 아쉬움과 후회란 포풍착영(捕風捉影)과 같은 것. 그리고 지금도 영혼 주위를 서성거리는 아쉬움과 후회. 울음을 가득 담고 달려오는 만추의 바람이 온 몸에 스미고, 낙엽이 서걱서걱 소리를 내며 이리저리 뒹구는 차디찬 아스팔트거리를 걸으며 가슴에 담겼던 못 다한 말을 내뱉는다.
"큰 아들아 정말 미안하다. 이해해주렴. 아니 아빠를 용서해주렴"

인권 존중의 길

차별은 어디에서나 존재한다

- 인종차별에 대한 단상 -

모든 인간들은 기본적으로 평등한 지위를 가지고 태어났다. 하지만 성원의 의사와는 상관없이 태어나자마자 사회라는 공간에 뛰어들어 살아가게 되고, 그 구조 안에서 우의를 점하고 있는 개인이나 집단, 더 나아가서는 국가들의 자의적 판단에 의해 차별이 발생한다. 차별의 내용을 살펴보면 성별과 성정체성, 성지향성, 성별에 따른 임금, 신체조건, 병력, 외모, 나이, 출신지역, 혼인 여부, 임신 또는 출산, 가족 형태와 가족 상황, 범죄 전력, 학력, 사회적 신분에 의해 한 국가 내에서의 내재화된 차별이 비일비재하게 발생한다. 국제적으로는 종교, 사상, 정치적 체제가 다르거나 경제력의 크기에 따라 국가에 대한 차별이 이루어진다. 그러니까 한 나라 안에서 발생하는 차별은 개인과 집단 사이의 감정이나 이기에서 이루어지지만, 수많은 국가가 존재하는 세계에서는 대개 국가의 정체성, 문화, 인종, 종교, 경제, 군사적 문제를 이슈로 국제사회로부터 격리시키고 통제하는 형태로 나타난다는 뜻이다. 그리고 한 나라 안에서 차별은 대부분 의도적인 기만에서 오는 경우가 많지만 국가사이의 차별은 서로 무지에 따른 편견, 그리고 이미 오래 전부터 있어왔던 전통적인 관행으로부터 기인하는 경우가 많다. 이런 차별의 시발점은 산업혁명과 더불어 제국으로 탈바꿈한 영국이 아프리카 식민지를 개척하던 18세기이다. 이를 기점으로 세계 제1차, 2차 대전을 촉발 시킨 독일에서는 아리안 인종과 독일민족의 우월성을 강조하는 골상학을 발전시키면서 인종차별이 더욱 심화되기 시작했다. 과학적 근거도 없는 이 학문은 퇴행을 거듭하다가 1950년대 이후 사라지게 되었다. 이러한 진부하고 무모한 논리가 그 시대에 지대한 영향을 주었고, 오랜 세월이 지난 현재까지도 인종차별의 도구로 사용되고 있는 것이 골상학이다. 자연에 의지하고 순응하며 살아가던 이전의 평화로운 세계 질서는 과학을 발전시킨 서구문명에 의해 무참히 파괴되고, 신으로부터 동일하게 창조된 인간이 무력에 의해서 차별이 발생하게 된 것이다. 대량의 면화와 사탕수수를 생산하기 위해 아프리카 흑인들을 아메리카로 강제이주를 시킨 이후, 1994년 흑인 정권인 넬슨 만델라가 남아프리카 공화국의 대통령이 되어 Apartheid 제도가 무너질 때까지 근 400년 동안 백인들이 작성하고 발효한 법에 의해 전 세계의 유색인종에 대한 극악무도

한 인종차별이 이루어졌다. 이제는 그러한 제도와 악법이 폐지되거나 사문화 되었어도 아직도 사회의 주류인 백인들에 의해 인종차별이 지속적으로 자행되고 있다. 특히 미국, 캐나다, 영국, 호주같이 이민을 받아드리는 국가에서는 헌법으로 사회구성원에 대한 차별금지, 약자인 소수인종과 그 집단에 대한 차별은 중범이라는 조항이 있지만 다수의 인종인 백인으로부터 드러나지 않게, 혹은 노골적으로 차별을 받고 있다. 백인들이 주축을 이룬 이민 국가보다는 덜 하지만 한국에서도 피부색이 어두운 인종, 다문화 가정의 구성원에 대한 차별이나 중국동포와 탈북자들에게 차별하는 경우도 보았다. 인종차별을 제공한 기독교 역시 죄로부터 자유롭지 못하다. 1537년 로마교황 바오로 3세는 교서를 발표하고 인도인, 아프리카계 흑인, 아메리카 인디언도 인간으로 인정하면서 그리스도교로 개종할 수 있도록 만들어줬다. 그렇게 할 수 밖에 없었던 가장 큰 이유는 중상시대였던 그 당시 기계를 이용한 공업이 점점 확대되었고, 자본가들에게 더 많은 이익을 안겨주기 위해 무임금의 노예나 최저임금을 지불해도 무방한 인간, 즉 유색인종을 산업현장으로 투입하기 위한 고육책이었다. 로마교황 바오로 3세의 교서에는 유색인종이 인간으로 포함되었지만 동시에 백인이 우월하다는 내용, 즉 백인이 유색인종을 차별해도 당연하다는 내용이 담겨 있다. 인종차별을 동의한 이 교서로 인해 백인들은 기독교도인 유색인종을 비(非)기독교도로 관계를 정립시켜버리고, 이때부터 백인들이 유색인종을 차별해도 된다는 사상이 고착되어버리는 야만의 역사가 시작된다. 400년이 지나 미국의 제 28대 대통령 Thomas Woodrow Wilson이 발표한 민족자결주의는 억눌렸던 세계의 모든 유색인종에게 민족적 자각을 높여주었고, 한국에서는 왜정(倭政)에 항거하는 3.1만세운동을 시작으로 지속적인 항일투쟁이 일어났다. 미국 내에서는 산발적이었던 인권운동이 1960년대에 이르러 Martin Luther King Jr와 Malcolm X(본명 Malcolm Little)에 이르러 활발하게 전개되었다. 성경에는 인종차별에 대해 일언반구(一言半句)도 없었지만 바오로 3세의 교서가 지침이 되어 유럽인들은 유색인종의 영토와 주권을 강탈하는 역사가 시작되었다. 1960년대까지만 해도 유색인종에 대해 크게는 정치적 권리나 자유권을 제한하고 작게는 열악한 노동조건과 저임금, 공공시설과 오락시설 이용을 제한하기에 이른다. 이러한 백인들의 인종차별은 인종편견을 만들고, 인종편견은 인종차별을 강화시키는 역할을 했다. 이 시기 차별과 편견에 저항하는 사람은 추방, 투옥, 살해되는 악랄한 모습이 무수하게 표출되었다. 구조화된 인종차별은 지금도 영국과 프랑스를 비롯한 서구유럽국가는 물론 캐나다와 호주, 미국의 사회에서 잘 나타나있다. 특히 영국인 범죄자들이 개척한 호주는 1900년대 초반부터 1970년대까지 백호주의정책(White Australia Policy)을 표방하며 유색인종의 이민자들을 받아드리지 않았고, 늦게 이민 문호가 열린 지금은 유색인종에 대한 차별이 이민자로 구성된

다른 국가보다 더욱 심하게 나타나고 있다. 2년 전 YouTube에 호주의 한 건장한 백인여성이 아무 이유 없이 싱가포르와 말레이시아 여성 유학생의 머리채를 잡고 발길질하며 “너희는 코로나 바이러스와 같다. 우리나라에서 떠나라. 코로나 바이러스가 발생한 중국으로 돌아가라”며 폭력을 행사하는 동영상, 그리고 또 다른 동영상에는 “아시안 쓰레기들이 호주에 코로나 바이러스 19를 가져왔다. 박쥐나 다시 먹어봐. 이 동양 똥개들아!” 하며 폭력을 행사한 것이 그 예이다. ‘도리에 어긋난 자가 도리어 스스로 성내고 업신여긴다(以比理屈者反自陵轢 이비리굴자반자능력)’고 했던가. 마오리 족(族)의 땅을 빼앗은 후손들이 이제는 주인으로 행세하며 타 인종에게 폭력을 행사하는 파렴치한 모습을 본다. 이 사건들은 다른 문화권에서 유입된 사람을 혐오하고 증오하는 외국인혐오증(Xenophobia) 현상보다는 다수의 백인으로 구성된 나라에서의 소수 인종을 향한 인종차별이다. 그들이 상대에게 내뱉은 언어를 분석해보면 백인만이 우생학적으로 우월하고 유색인종은 우리보다 열등하다는 고착된 의식에서 온 인종차별(racial discrimination)이다. 이런 점에서 보면 호주는 같은 영어권 국가라도 영국이나 미국, 캐나다보다도 인종차별에 대해 관대하며, 더 나아가 형식적인 가이드조차 제대로 없는 후진국임에 틀림없다. 호주는 동양인에 대한 흉악범죄가 다반사인 러시아나 외국인을 혐오하는 일본과 다르지 않는 나라로 단언해도 무방하다. 백인이나 유색인종이나 피부 안쪽의

색깔이 똑같고, 피도 같은 색깔이며, 생활방식이나 사고도 같다는 사실을 부정하는 인종주의자들은 어찌 보면 무지한 학대자이며 범죄자와 같다. 집단의 유전형질을 다른 집단의 특질과 비교 분석해 특정 유전자의 전달-확산(gene flow)의 양상을 연구하는 학문인 집단유전학(Population Genetics)이 있다. 저명한 집단유전학자인 루카 스포르차(Luigi Luca Cavalli-Sforza)는 오랜 과학적 연구를 통해 "유전적으로 인종이란 없다"며 차별의 근거를 부정한다. 그는 인종적 차이란 차별과 착취의 상식적 근거로 활용하기 위한 것이며, 더불어 우생학이나 유전자 결정론의 통념은 과학보다 윤리에 가깝다고 말한다. 그리고 그는 2000년에 발간된 자신의 저서 〈유전자, 인간, 그리고 언어(Gene, Peoples, and Language)〉에서 유전적으로 인종이란 없을 뿐 아니라, 인종주의자나 유전자 결정론의 입장을 고수하는 유사 인종주의자들이 지금도 허다하다고 통탄을 하던 내용이 떠오른다. 2020년대인 지금까지 가이드조차 제대로 구비되지 않은 호주와 달리, 미국에서는 1960-70년대 지속적인 민권운동으로 얻어진 인종차별에 대한 금지정책이 법률로 정해져 있지만 아직도 보이지 않는 차별이 남아있다. 예를 들면 Ivy League에서 인종할당제를 만들어 동양인 학생의 입학을 제한해 동양인 지원자들에게 피해를 주는 현상이라든지, 취업 때 유색인종이 불이익을 받도록 회사의 규정을 교묘하게 바꾼다거나 혹은 일을 잘하는 인종이나 민족만을 고용한다든지, 어느 선까지 올라오면 진급을 누락시켜 퇴직하도록 유도하는 경우이다. 직접적으로 느낄 수 있는 것은 서비스업종에서 백인종업원이 아주 미묘하게 유색인종의 고객에게 불친절하게 대하는 모습이다. 2016년 5월 끝자락, 대륙횡단을 하던 도중 Utah State의 Salt Lake City에서 겪었던 일이다. 갈증을 해결하려고 슈퍼마켓에 들러 Beef Jerky(육포)와 음료수를 들고 계산대로 갔다. 계산대에는 3명의 백인 여자들이 잡담을 하고 있었고, 내려놓은 물건들을 성의 없이 봉투에 담으며 불친절한 목소리로 지불할 금액을 말한다. 이어 동양인은 상대하고 싶지 않다는 듯 몸이 다른 쪽을 향하는 모습에 화가 치밀어 나도 거친 언사를 했다. 생존경쟁이 치열한 뉴욕에서 살아남기 위해 싸움닭이 되어버린 내가 어찌 이런 무례함을 당하고 그냥 지나가겠는가. 내 얼굴은 붉게 달아오르고, "돈 쓰려고 온 손님인데 왜 이리 잡도리하듯 푸대접을 하냐? 지금 당신의 봉급이 적어서 불평하는 거냐? 매니저를 만나고 싶다"며 목소리를 높였다. 독(毒)을 없애는 데는 다른 독을 쓰고, 악(惡)을 없애는 데는 다른 방법의 악으로 제압해야 한다고 했던가. 당한만큼 그녀의 인격을 무시하고자 주머니에서 있는 동전을 모조리 꺼내 하나씩 세어가며 그녀 앞으로 던지듯 놓았다. 그리고 계산을 끝내고 출구 쪽으로 몸을 비틀면서 오로지 그 여자만 들을 수 있도록 작은 목소리로 "능력 없는 촌뜨기! Poor White!"라는 말을 뱉고, 문 밖으로 나가면서 고개를 돌려 보니 그녀의 얼굴은 홍안이 되어 있었다. 이렇듯 동부와 달리 아직도 중부와 남부의 무식한 백인들은 유색인종을 무시하는 경향이 있다. 이와 달리 유색인종의 인격을 존중해주는 사람들도 많다. 오래전에 있었던 일이다. 맨해튼 타임스 스퀘어에 소재한 호텔에서 신입사원을 구한다는 말을 듣고 며칠 후 담당 매니저를 만나 이력서를 제출했던 적이 있었다. 이 호텔은 뉴욕에서 다섯 손가락 안에 드는 최상급으로 유명한 연예인이나 사업가들이 투숙한다. 20-40대 초반의 지원자들과 달리 50대인 나를 인터뷰하던 젊은 백인 매니저가 간단하게 이것저것 물어보더니 "같이 일해보자"는 말을 끝으로 이 호텔에서 일을 하게 되었다. 얼마 후 이 매니저는 피부색이 아닌 맡은 일에 대한 수행능력을 중시하는 사람이라는 것을 알게 되었다. 견수불견림(見樹不見林 나무는 보는데 숲은 못 본다)이라고 했던가. 가정을 이루려면 구성원들이 하나로 통합되어야 하듯, 국가가 이루어지려면 인종이나 민족, 문화와 종교라는 미시적 관점이 아닌 인간의 통합이라는 거시적인 관점에서 보아야 한다는 것을 인종차별주의자들은 간과한다. 우리 인종이나 민족이 우월하다는 인식을 갖고 있는 한, 인종차별은 인류가 존재할 때까지 해결이 불가능할 것이다. 해결할 수 있는 방법이 있다면 지속적인 교육을 통해 개개인의 사고와 관점을 바꾸어 놓아야 한다는 난제이다. 하지만 현재 상황에서 이런 난제를 해결하겠다고 나서는 것은 3차원의 세계만 알고 있는 인간이 11차원의 난해한 우주의 신비를 풀어보겠다고 뛰어드는 무모함과 같다. 오히려 모든 인종의 유전인자를 개량해 피부색깔을 하나로 통일시키던지, 아니면 여러 나라를 하나로 통합하는 것이 더 쉬울지도 모른다. 인간이 차별 받지 않을 권리는 미국 독립선언서에 상세하게 적어 놓고 있다. '우리는 다음과 같은 것을 자명한 진리라고 생각한다. 모든 사람은 평등하게 창조되었고, 창조주는 몇 개의 양도할 수 없는 권리를 부여했으며, 그 권리 중에는 생명과 자유와 행복의 추구가 있다.' 그리고 1964년 미국에서 새로 제정된 차별 금지법의 민권법 조항에는 '인종, 피부색, 종교, 성별, 출신국가 차별금지, 고용 차별, 성적(性的)취향(sexual orientation), 성(性)정체성(gender identity)을 포함하고 있다'고 명시하고 있다. 이를 두고 당시 서구기독교계에서는 "창조된 현실에 대한 성경의 묘사가 신성하고 권위 있는 것이라고 믿는 그리스도인들은 평등법의 근본 원리를 받아들일 수 없다. 평등법은 기독교 윤리를 증오와 편견과 동일시하기 때문이다."라며 즉각 반발했다. 백인들의 인종차별을 옹호하고 인종간의 평등을 거부하는 서방기독교계의 가치판단은 한마디로 신(神)이 창조해 놓은 생물체란 자기복제를 위해 만들어낸 복사물과 같으며, 현존(現存)하는 개체들은 이러한 현상에 맞추어 현재를 숙명처럼 여기고 살아가야만 한다는 논리와 같다. 인간은 스스로가 갖고 있는 유전자에 의해 태어났으니 거부하지 말고 있는 그대로 인정하며, 차별을 받더라도 현실세계에 순응하며 살아가야 한다는 궤변이다. 이기적 망발을 쏟아낸 서방기독교계가 공존하기 위해 동료들에게 피를 나누어주며 진화한 흡혈 박쥐보다 못하다는 것이 나의 생각이다. 종교의 생명은 사회와 성원에게 이타적이어야 함에도 불구하고, 생물학적 유전자에 더 큰 비중을 두는 것은 마치 무식한 사람이 GOD의 단어를 반대방향으로 읽어내는 엽기적인 행위와 같다. 이런 점에서 본다면 하나님을 믿는다는 종교가 '사랑과 평등'은 없고 백인을 위한 이기적인 종교, 강한자의 이익을 대변하는 종교로 전락한 느낌이다. 종교란 궁극적 관심(ultimate concern)에 관한 것임에도, 본질을 상실하거나 그 기능을 잃어버린다면 결국 그 종교는 이기적 신념을 충족시켜주는 사악한 집단에 불과한 것이다. 종교는 그 집단에 속해 있는 인간이 신앙이라는 영적세계에 대해 질문하는데서 시작하여 그 질문에 해답을 모색하고 발견해 내도록 도와주는 것인데, 이와 반대로 서구교회는 백인종이 유색인종을 차별해도 괜찮다는 것을 가르치고 옹호하는데 우선하고 있다. 그리고 종교는 그 시대가 요구하는 상황에 따라 변화되어야 마땅하다. 하지만 근본적이고 복음적인 색채가 짙은 종교나 종교인들은 전통을 지키는 것이 최선이라며 현 시대의 변화나 변동에 대해 의도적으로 거부하는 경향을 쉽게 볼 수 있다. 예를 들면 Bible Belt지역 같은 곳이다. 이런 종교인들이 많을수록 사회의 변동이 예상보다 훨씬 적게 이루어져 인종차별이 더욱 심화될 수 있다. 민족, 피부, 성별, 장애를 떠나 그들이 처한 모든 상황을 정확하게 이해하고 통합에 노력하며 세상이 나갈 방향을 제시하는 것이 종교와 종교인의 역할이다. 과거처럼 종교가 사랑과 인격과 정의와 평등이라는 본질을 잃어버리고 한 인종이 우월하다며 차별을 조장하고 사회적 갈등을 야기한다면 그것은 분명 종교 나치즘이다. 인격과 평등의 기회를 박탈하는 것이 차별이고, 차별을 당한 사람은 현실에 대한 좌절과 상처이다. 오랜 시간에 걸쳐 문화 속에 견고하게 자리 잡은 차별은 좀처럼 사라지지 않을 것이지만 그래도 기대할 수 있는 것은 어릴 때부터 인종과 민족, 문화를 긍정하며 상호 교류할 수 있도록 학교교육을 강화해 조금씩 희석해 나갈 필요가 있다. 더불어 교육기관이나 종교기관들의 교육도 필요하지만 세상과 사람을 존중할 줄 아는 우리 자신의 마음가짐, 내적변화가 사실 더 중요하다. 인종에 대한 인식이나 의식을 버리지 못하면 차별은 지속되는 것이고, 이런 현실을 거부하면서 나는 차별주의자가 아니라고 변명하는 아이러니가 있어서는 안 될 것이다. 서로 사랑하고 너와 내가 구별 없는 평등을 기대하지만 오늘도 내 주위에는 차별 속에 살아가는 사람들이 너무 많다. 글을 쓰다가 불현 듯 "우리는 인종차별시대의 흑인이다. 우리는 정치기구와 사회제도가 인종차별주의에 뿌리박고 있고, 또 경제기구가 인종차별주의에 의해서 길러진 사회에 살고 있는 흑인대중이다"라는 Malcolm X의 말이 떠오른다. 오늘도 인종차별 받으며 살아가는 사회적 약자들을 생각하니 가슴이 찢어질 듯 아프다.

총 없는 세상을 꿈꾼다

- 인종갈등과 총기소유의 쟁점 -

2018년 2월 14일 플로리다 주의 파크 랜드에 소재한 고등학교에서 이 학교의 퇴학생에 의해 일어난 총기 난사로 17명이 무참하게 사망하는 일이 있었다. 그리고 며칠 후, 처참함을 목격한 고등학생들이 학교에서 더 이상 총기난사 사건이 일어나지 않도록 총기규제를 해달라는 시위가 일어났다. 급기야 이 학교의 시위를 시발점으로 순식간에 전미(全美) 고등학교로 들불처럼 번져갔다. 1년 365일 중 하루도 거르지 않고 총기 사건이 일어나고, 일 년 중 355건은 4명이상 희생자가 발생하는 대량총격(mass shootings)사건이다. 대량총격사건중 하나가 이번 플로리다 파크 랜드에서 있었던 고등학교 내에서의 총격사건이다. 이 사건이 있기 4개월 전인 2017년 10월 초에는 도박도시인 라스베이거스의 야외 콘서트 장(場)에서는 퇴직한 의사가 무차별적으로 쏘아댄 총탄에 맞아 58명이 죽고 527명이 총상을

당하는 미국 사상 최악의 총기 사건이 있었다. 이 사건이 있은 후, 한 달이 지난 11월 초에는 텍사스의 한 시골교회에서 총기 난사사건이 발생해 26명이 사망하는 사건, 그리고 거슬러 올라가서는 2016년 플로리다 Orlando의 나이트클럽에서 49명, 2015년 South Carolina의 찰스턴에서 인종주의자였던 백인 청년이 교회에 난입해 휘두른 총에 예배 중이던 흑인목사를 비롯한 9명이 사망한 사건, 2012년 영화 〈The Dark Knight Rises〉를 상영하던 콜로라도의 영화관에서 총기를 발사해 12명이 죽고, 같은 해 초겨울 코네티컷 New Town의 Sand Hook 초등학교에서 어린 학생들에게 총기를 난사해 학생 20명과 교직원 등 총 28명이 사망하는 전대미문의 사건, 2007년 우울증을 앓고 있던 한국국적의 학생에 의해 32명의 사망자가 발생한 버지니아 공과대학의 총기사건, 1999년에는 콜로라도의 Columbine 고등학교에서 이 학교 재학생이던 Eric Harris와 Dylan Klebold에 의해 13명이 죽고 24명이 부상당하는 총기난사사건이 있었다. 몸이 쇠약했을 뿐 아니라 이리저리 옮겨 다니는 군인 아버지에 의해 한 곳에 정착하지 못해 외톨이가 된 학생에 의해 일어난 Columbine 고등학교 총기사건하고는 달리, 미국에서 일어나는 총기난사사건의 대부분은 다혈질적 인격과 분노장애를 갖고 있는 사람의 소행이다. 총기가 난무하는 것은 총기제작회사들이 미국 영토에 존재하는 사람들에게 더 많은 소비를 촉진할 수 있도록 해외 수출 가격보다 아주 저렴하게 판매하고 있기 때문이다. 이런 무자비한 판매로 인해 시민권자이건 불법신분자이건 연령에 관계없이 쉽게 구입할 수 있어 대부분의 사람이 위험으로부터 완전히 노출된 상태이다. 그리고 더 무서운 것은 정신 병력에 관계없이 총기를 구입할 수 있고, 200-400불이면 일반적인 총, 800달러면 상당히 고급스런 총을 140,000명의 딜러들로부터 언제 어디서든지 쉽게 구입할 수 있다. 저렴한 가격에다 무차별적인 수급으로 인해 인구가 3억 4천만인 나라에서 50%가 넘는 시민들이 합법적으로 총을 소유하고 있고, 불법이 아닌 정식으로 허가받은 총만 해도 거의 4억 정에 이른다는 것은 세계 모든 나라의 군인들에게 지급된 총보다 더 많은 엄청난 양이다. 미국인들의 합법적인 총기 소유를 계산해보면 1명당 1.2자루이지만 불법으로 판매되는 총, 그리고 애호가들이 수집한 구식 총들까지 합하면 5억 자루가 훨씬 넘어 1명당 1.6-1.8자루 정도 될 수 있다는 통계도 있다. 그리고 몇 해 전인 '사이언티픽 아메리칸' 2017년 10월호에서 총기사용의 남용으로 한 해에 상대의 총에 맞아 사망하는 사람이 13,300명에다 자신의 총으로 자살하는 사람이 23,000명으로 도합 36,000명에다 여기에 밝혀지지 않은 사건까지 포함하면 충분히 40,000명이 넘을 것이라 단언한다. 시간당으로 계산하면 4.5명, 하루로 계산하면 110명에 해당하는 숫자다. 역시 미국 질병통제예방본부(CDC)의 데이터베이스에 따르면 2017년 미국인이 23명 모자라는 40,000명이 총으로 살해되었거나 스스로 목숨을 끊었다고 발표했다. 1년 뒤인 2018년에는 총기로 사망한 전 세계 사람이 250,000명이며, 총기사고가 만연한 미국을 비롯해 브라질, 멕시코, 콜롬비아, 베네수엘라, 과테말라, 엘살바도르가 속한 북, 중 아메리카 7개국이 반 이상을 차지하고 있다. 100,000명당 0,2명인 일본, 0,3명인 영국, 0,9명인 독일, 2.1명인 캐나다보다 6배나 더 많은 12명으로 이 수치는 미국 내에서 암으로 사망하는 사람들 다음으로 많다. 사실 따지고 보면 매스컴에서 이슈가 된 총기 난사사건들은 총기로 인해 사망한 40,000명의 숫자에서 기껏해야 1%도 안 되는 수치다. 총기로 인한 한 해 사망자가 13년에 걸친 걸프전과 아프가니스탄 전에서 사망한 미군의 숫자보다 10배정도가 많다는 것은 우리의 상식을 깨는 비현실적인 실화다. 이 두 기관에서 발표한 것을 보면 인구 대비 총기 소유 비율이 높은 주(州)일수록 총기 사건이 높았다고 한다. 인구가 100만 명도 안 되는 Montana State나 Wyoming State, Alaska State는 인구 대비 60%이상이 소유를 했고, 인구비율로 환산했을 때 사고가 타주보다 2배정도 더 많았다고 한다. 동부(東部)에 속한 New York State에서는 총기를 소유하려면 한 주에 8시간씩 5주에 걸친 교육을 받아야 하고, 이후에는 해마다 정신검사는 물론, 면허를 취득했어도 외출할 때는 절대로 소지할 수 없다는 엄격한 법적용 때문에 중부나 남부의 주(州)들보다 사건비율이 상당히 낮다는 통계가 있다. 또한 같은 동부의 Delaware State는 소지 율이 5%에 불과하기에

New York이나 New Jersey, Connecticut State에서 일어나는 총기사건보다 훨씬 더 낮다. 총기사건의 다발지역인 중부와 남부지역 같은 경우, 인구비례 총기소유가 많다는 것도 원인이지만 솔직히 교육 부족으로 오는 원인이 더 크다. 예를 들어 자신이 위험에 처했을 때 그에 대한 방어로 총기를 사용해야 한다는 기본 원칙을 무시하고, 자존심이 다쳤을 때는 그것을 만회하기 위한 방법으로 총기를 사용하는 경우가 허다하기 때문이다. 불쾌함을 제대로 조절하지 못하고 총으로 자신의 감정을 표현하는 경우가 중부와 남부, 알래스카의 시골에서는 비일비재하다는 말이다. 더불어 교육 부족이나 정신적인 문제가 있는 사람들은 제외하더라도 정상적인 사람에게서 조차 총기사고가 넘쳐나는 것은 은퇴할 때까지 노동경쟁력이 지속되어야만 안정된 생활을 할 수 있다는 현실과 자신의 능력에 대한 불확실성에서 오는 강박 때문에 총을 빼들어 자살을 시도하는 경우도 허다하다. 동북아의 나라같이 노골적인 경쟁을 부추기는 것과 달리 이곳의 사회 분위기는 보이지 않게 서로간의 경쟁을 부추기는 비인간적인 시스템이 활성화 되어있고, 그에 따른 좌절과 분노, 불안과 우울증을 양산하고 있기에 총기사고가 더더욱 빈번한 것이다. 옥을 죄는 미국자본주의의 사회구조가 계속해서 정신질환자를 양산하고 있고, 실제로 미국은 정신적 문제를 가지고 있는 인구가 어느 나라보다도 상회하고 있다. 각박한 생활에 찌들어 버린 도시 사람들뿐 아니라, 한적한 시골에서까지도 비정상적인 사람들을 쉽게 볼 수 있다. 실제로 가족의 부양을 위해 노동에 몰두하다 보니 당연히 자녀들의 인성교육에 소홀하게 되고, 청소년시절 부모로부터 관심과 사랑받지 못한 환경에서 성장한 사람들이 그렇지 못한 사람들보다 더 많은 분노와 충동조절 장애를 겪고 있다고 호소한다. 학자들에 의하면 2022년 현재 분노와 충동조절을 못하는 성인이 400만 명을 넘어섰고, 이들의 90%가 남성이다. 사회로부터 소외와 부적응으로 인한 외로움에 젖어있는 '외로운 늑대'들을 포함하면 450만 명은 족히 될 것이라고 한다. 그리고 미국 질병예방 특별 위원회에서 10대 청소년의 5명 중 1명이 우울증이 있거나 우울증이 시작되는 단계로 들어서고 있는 중이라고 발표를 한 적이 있다. 이런 현실을 비추어 볼 때, 연령대나 성별을 떠나 비정상적인 생활을 하고 있는 사람들이 총기를 소유하고 있다면 앞으로 어떤 일이 일어날 것이고 사회에 어떤 영향을 줄지 우리는 충분히 예측할 수 있다. 또 하나는 연방정부와 주정부가 실행하는 학교교육시스템도 문제될 수 있다. 학교교사들 대부분이 여성이며, 남학생들 역시 여교사들에 의한 여성중심의 교육프로그램으로 공부하고 있다. 그러다 보니 호르몬분비가 왕성한 사춘기의 남학생들은 성 정체성 뿐 아니라, 성에 따른 문제를 해소할 수 없어 범죄를 저지르기도 한다고 교육학자들이 지적한다. 미국사회를 들여다보면, 과거보다 복잡한 첨단시대에 맞지 않는 총기규제나 관리에 대한 현실이 마치 1700~1800년대의 개척시대를 방불케 한다. 그 당시에 만

들어진 수정헌법 제 2조는 '개인의 자위를 위한 무장의 권리가 정부나 어느 누구에게도 침해받을 수 없는 기본권'으로 명시하고 있다. 현시대에 맞지 않는 구시대의 헌법을 그대로 유지하기를 원하는 보수정치인들과 보수시민들의 퇴폐적의식이 오히려 총기규제법을 입법도 못하게 가로막고, 이로 인해 사회가 더욱 불안해지고 있다는 것은 나 같은 선량한 시민의 입장에서는 간과할 수 없는 일이다. 연방총기규제입법이 늦어질수록 미국 사회에서의 총기사건은 계속해서 증가할 것이며, 생명에 대한 도덕적 윤리는 무한정 추락할 것이 분명하다. 무기를 생산하는 기업이나 이를 옹호하는 단체보다 더 막강한 힘을 갖고 있는 것이 전국총기협회(NRA; National Rifle Association)로, 정회원만 450만 명에 이르는 거대한 조직이다. 시민들의 피해와는 상관없이 더 많은 총기구입 및 소지가 지금보다 더 용이하도록 정치권에 로비를 하고 있는 것이 전국총기협회의 주된 활동이다. 전국총기협회의 지원으로 정치인이 된 지역, 다시 말해 공화당이 강세인 중부나 남부 등 30개 주에서는 나이 제한이 없이 총기를 구입할 수 있을 뿐 아니라, 초등학생이 총기를 소유하는 것조차 법률적으로 문제가 되지 않는다. 나머지 20개 주 또한 나이에 제한을 둔다고 하지만 일부 주에서는 15~16세면 법에 저촉을 받지 않을 뿐더러 심지어는 신분증이 없이도 현찰만 주면 AR-15 같은 반자동소총도 구입할 수 있다. 해안가에 자리 잡은 동부의 주(州)들과 서부 주를 제외한 전 지역의 Mart에서는 심심치 않게 총기전시회가 열리고, 이곳에 쇼핑하려왔던 사람들은 자녀가 좋아하는 총기를 구입해 선물하는 것도 익숙한 일상이 되어버렸다. 한걸음 더 나아가 추수감사절이나 크리스마스 같은 연말 쇼핑시즌에는 3-7세의 유치원생을 위해 전국총기협회에서 출시한 플라스틱 44 Magnum Revolver를 판매하는 모습도 쉽게 볼 수 있다. 총기를 쉽게 접할 수 있는 환경에서 자란 아이들의 정서는 살인과 죽음에 대한 면역성이 생기고, 불쾌감을 느꼈을 때 감정조절을 못하고 언제, 어느 곳이든 쉽게 총기를 사용하는 현실이 되어버린 것이다. 미국이 점점 쇠퇴해 가는 것은 인종차별 못지않게 무분별한 총기보급 확산과 이를 규제할 만한 법이 없기 때문이라는 것이 내 입장이다. 더 늦기 전에 정신병을 앓고 있거나 병력이 있는 사람, 전과자나 미성년자에게는 총기판매금지법을 연방의회와 주 의회에서 통과시키고, 행정부와 사법부에서는 이 법을 강력하게 실행해야 한다. 총기소유에 대한 믿음이 개인이나 가정, 사회전체의 안전도를 높일 수 있다는 생각은 허구에 불과하고, 오히려 총기가 있음으로 사고를 더 부추기는 역할을 한다는 것이 내 생각이다. 심각한 것은 예측 불가능한 사람들의 총기 사용으로 인한 부상자들 때문에 일반인들의 사회적 비용부담이 점점 증가하고 있다는 것이다. 누구도 건드릴 수 없이 뜨거운 감자가 되어버린 미국인들의 총기소유와 1996년 Australia의 한 카페에서 반 자동소총을 발사해 30여명이 넘게 사망한 사건을 기억하여 대조해 본다. 당시 난사사건을 경험한 존 하워드 총리는 미국의 전철을 밟지 않겠다며 강력한 총기규제정책을 실시하고, 국내에 있는 모든 총기는 등록해야할 뿐 아니라 총기구입 시 허가를 받아야 한다고 법률로 정했다. 그리고 반자동 총기매매 금지와 더불어 강력한 총기 회수정책을 펼친 결과 호주에서 총기로 인한 자살은 60%가 감소하고, 총기를 사용한 살인도 50% 가까이 줄었다는 결과가 나왔다. 또한 미국의 경우, 50개 주(州) 최초로 의회에서 잠재적 폭력범으로부터 총을 압수하고 판매도 규제하는 법규를 마련해 총기사건을 95%나 줄어들게 한 Connecticut State의 총기규제법을 반면교사로 삼는 것도 하나의 해법이다. 이제 선거 때는 대통령 후보나 연방 상하의원에 출마하는 후보들이 총기소유에 대한 소견을 공개적으로 말하고, 이에 대해 시민들이 검증해서 선택하는 방법이 조금이나마 총기피해를 줄일 수 있는 방법일 것이다. 무고한 어린이들과 청소년들이 총기로 인해 이유 없이 죽어가고 있는데도 양심 없이 "학교마다 총으로 무장한 경비원을 고용해야한다"는 말과 "총은 죄가 없다. 총을 든 선인만이 총을 든 악인을 막을 수 있다"고 언론을 통해 사악한 궤변이나 늘어놓는 정치인과 전국총기협회를 시민들의 정치적 선택으로 낙선시키고 와해시켜 버려야 한다. 그리고 연방정부나 주정부, 시정부가 나서서 지속적인 공포와 분노, 절망을 느끼고 있는 사람들을 방관하지 말고 정신치료를 받을 수 있도록 해야만 총기사건으로 인한 세금부담도 적어진다는 것을 알아야 한다. 1999년

4월 20일 Columbine 고등학교 총기 살인을 한 Dylan Klebold의 어머니 Sue Klebold는 〈TED MED〉라는 프로그램에 나와 피해자 가정과 자신의 아들이 그 지경에 이를 때까지 질환을 앓고 있었다는 것을 모르고 있었다는 것에 대한 자신의 책임을 통탄하면서 “저는 가해자의 어머니입니다. 아들이 다니는 학교에서 13명이 죽고 20명이 넘게 부상을 입힌 후 스스로 목숨을 끊었습니다. 제 아들은 피해를 당한 가족과 평생을 불구로 살아가야 하는 사람들에게 측정할 수 없을 정도의 깊은 슬픔과 치유할 수 없는 Trauma를 남겼습니다. 이 일로 지역공동체와 사회가 치유되는데 오랜 시간이 걸릴 것입니다. 우리의 정신 건강 치료체계는 모든 사람이 도와줄 수 없습니다. 지속적인 공포와 분노, 또는 절망을 느끼는 사람들이 진단을 받거나 치료받지 못하고 있습니다. 우리는 정신질환을 앓고 있는 사람들이 용인되기 어려운 일을 해야만 그들에게 관심을 갖는 경우가 많습니다. 만약 자살자 중 1-2%가 살인을 동반하고 있다고 추정하면 계속해서 정신질환자들이 증가되고 있듯이 자살을 동반한 살인도 증가할 것입니다. 한 사람이 극도로 자살해야 하겠다는 상태에 놓여 있다는 것은 정상적이지 못하고 스스로를 제어하거나 통제할 힘을 잃어버렸다는 것이고 정신 건강이 응급상태에 있다는 것입니다. 완벽한 것을 추구하고 스스로에게 의지하는 성격도 있었기에 제 아들은 누구에게도 조언을 얻지 않았습니다. 학교 동료들은 자신의 아들에게 자존감을 떨어뜨리고 모욕감과 분노를 느끼게 했습니다. 변화가 있었던 2년 동안은 충분한 시간이었지만 사랑으로도 충분한 일은 아니었습니다. 아무리 우리가 사랑으로 할 수 있다고 믿고, 사랑하는 사람들이 느끼고 생각하는 것으로 그들의 모든 것을 알거나 통제할 수 없습니다. 만약 최악의 상황이 일어난다면 그 사실을 몰랐거나, 했어야 할 질문을 하지 않았거나 혹은 치료법을 찾지 못했을 수도 있지만 자신을 용서하는 법을 배워야 합니다. 사랑하는 사람이 어떤 행동을 하건 힘든 일을 겪고 있을지도 모른다고 생각해야만 합니다. 그리고 아무리 책임감과 경계심이 많은 사람이라도 상대에게 도움을 주지 못할 수도 있다는 것입니다. 아들에 의해서 제 아픔보다도 상대가 더 큰 아픔을 느끼고 있다는 것도 잘 압니다. 하지만 사랑을 위해서 우리는 알 수 없는 사람을 알기 위한 노력을 멈춰서는 안 됩니다."라고 역설했다. 그리고 "합법적이건 불법적이건 17살 아이가 자신의 허락이나 인지 없이 총을 구하는 것은 화가 날 정도로 쉬웠습니다. 그리고 17년이 지났고, 많은 총격사건이 있었지만 총기 구입은 여전히 쉽습니다. 내 아이들이나 가족의 죽음은 생각해보지도 않았고, 비극은 우리가 아닌 다른 사람들에게만 일어난다고 생각했습니다."라고. 복잡한 생물학적인 문제라서 아직 현대의학으로 해결할 수 없는 우울증이나 정신질환은 시간에 상관없이 누구나 나타날 수 있고, 자신은 아닐지라도 후손에게 나타날 수도 있다는 것을 부정할 수 없다. 우리 몸속에 잠재되어 있는 생물학적 유전이나 환경에서 얻어진 정신질환은 누구나 가질 수 있고 얻어질 수 있다는 가능성이 있기에 그들의 잘못이 아니다. 오히려 정신질환이 갈수록 넘쳐나는 현실을 방관하거나 방기하는 비뚤어진 정치인과 시민들이 문제이다. 사회적 도덕성이나 윤리의 혼란에 빠져있는 이런 정치인들과 시민들이 정신과 치료를 받아야 마땅한 중증환자들이라는 내 소견이다. 예방이나 치료에 중점을 두고 노력하기보다는 가해자들로부터 방어를 위해 더 많은 총기를 소유해야한다고 강요하며 고개를 돌려 미소 짓는 사람들의 얼굴에서 마치 사악하기 그지없는 Fenrir나 Medusa의 모습을 보는 것 같다. 분노조절이나 충동장애와 더불어 얼마 전 정신적으로 온전하지 못한 사람이 총기를 소유해서는 안 된다는 사실을 확실하게 예시해 준 사건이 있었다. 치매에 걸린 노인이 자주 차를 몰고 외출을 하는 것을 위험하다고 생각한 딸이 더 이상 운전하지 못하도록 다른 곳으로 차를 옮겨놓았다. 이에 격분한 노인은 딸을 향해 총격을 할 생각으로 거실 문 앞에서 숨어 기다렸다고 한다. 이런 상황도 모르고 오늘도 어머니가 별일 없이 잘 계시는지 방문하려고 바깥문을 열고 정원으로 들어서자마자 분위기가 심상치 않다는 것을 느꼈던 딸이 집안으로 들어가지 않고 밖에서 분위기를 살폈고, 어머니가 총을 들고 자기를 죽이려한다는 것을 눈치 채자마자 위험하니 총을 내려놓으라고 성토를 했지만 소용이 없었다고 한다. 총을 내려놓으라는 경찰의 회유에도 효과가 없자

딸은 어머니와 가까운 친구에게 연락을 했고, 친구의 설득으로 아무 사고 없이 문제가 해결되었다는 뉴스를 본적이 있었다. 총을 내려놓으라는 친구의 설득에 노인은 강하고 단호한 어조로 "이 땅에 살면서 총기를 소지하지 않는다는 것은 죽은 목숨과 같다"는 말을 했다. 노인의 친구는 "수정헌법 제 2조를 옹호하는 사람들의 신념은 살아가는데 필요한 집이나 자동차보다도 자신의 생명을 지켜줄 수 있는 총기소유를 더 중요시 한다는 것을 알 수 있었다"고 고백한다. 총기를 더 구입하도록 권면하는 사회구조, 오늘도 여기저기서 이유 없이 총탄에 맞아 죽어가는 생명들을 보면 가슴이 찢어지듯 아프다. 신분증을 확인하고 나서야 술이나 담배를 판매하면서 돈만 지불하면 정신이 온전치 못한 사람이나 아동에게도 총기를 판매하는 현실 앞에 미국의 미래가 어떻게 전개될지 안타깝기만 하다. 머리맡에 총을 두고 잠자리에 들어가야만 숙면을 이룰 수 있다는 수많은 미국 사람들의 습관을 보며, 총이 자신과 가족을 구원해줄 수 있는 신으로 생각하는 것이 분명하다. 단언하지만 인권이나 생명을 존중하지 않고 시민들의 희생으로 먹고 사는 사람들은 죽어서도 신(神)으로부터 혹독한 심판을 받아 지옥 어두운 곳에서 이를 갈게 될 것이다. 매년 6월 4일을 총기를 잘 관리하고 보관하는 날까지 정한 미국사회의 현실을 보면서, 인종갈등과 더불어 합법적인 총기소유의 쟁점은 앞으로 미국의 존망을 결정하는 중요한 계기가 될 것이다.

질투

- 질투와 배려 -

그리스 신화에서 '천계(天界)의 여왕(女王)'으로 불리는 신(神)이 있다. Zeus의 누나인 Hera는 Olympos 신족(神族) 중 여성 최고의 신이며, 그녀에게 부여된 역할은 결혼과 출산을 주관하는 수호신이다. 빼어난 미모와 풍만한 육체를 소유한 그녀는 검고 큰 눈동자에 흰 피부, 환상적인 몸매를 갖고 있어 최고의 미를 갖춘 여성으로 통했다고 한다. 헤라는 남동생인 제우스의 아내였지만 남편의 바람기 때문에 사사건건 충돌하게 된다. 여성편력이 있는 제우스에 대한 헤라의 질투를 보면서, 피해자인 여성이 가진 질투란 대부분이 사랑하는 남자에 대한 일종의 애정표현으로 볼 수 있다. 헤라는 제우스와 관계를 맺은 여성들에게 심한 질투심을 느끼게 되고, 제우스와 동침한 여자와 사랑의 결과로 얻어진 자식들을 정리하기 위한 복수의 계략을 꾸미게 된다. 처녀로 남기를 원했던 Callisto는 제우스에게 순결을 잃고 아들 Arcas를 낳았다. 훗날 헤라의 질투가 발동되어 내연녀였던 Callisto를 곰으로 만들어버리고, 사냥꾼인 아들에게 죽임을 당하게 한다. 그리고 Thebai왕 Cadmus의 딸 Semele를 불로 태워 한 줌의 재로 만든 사건과 제우스와 같이 있는 것을 발견한 Argos의 딸 Io를 이집트로 쫓아낸 사건, 그리고 '헤라의 영광을 위하여'라는 뜻을 가진 자신의 아들 Hercules에게도 질투의 대상이 되어 상상도 할 수 없을 만큼 가혹한 고통을 준다. 헤라를 통해 보는 그 질투는 선망에서 오는 부정적인 감정의 총체이며, 자신을 인정해달라는 욕구의 표현이다. 그리스와 로마신화의 흐름을 잘 살펴보면 남성과 관계되어 있는 여성들 사이의 질투이다. 이렇듯, 동서양을 막론하고 질투는 남성보다도 일방적으로 여성 쪽에 무게를 둔다. 우리나라에서도 질투의 상징은 여성이며, 여성은 질투의 화신이라고 부각시킨다. 희랍신화에서 보듯, 극단적인 마초이즘이 여성들의 아기자기한 질투를 얼토당토않게 부풀려 파괴와 죽음의 화신으로 몰아넣은 것이다. "질투는 인류자체의 역사만큼이나 오래된 것이다. 아담이 집에 늦게 돌아오자 이브는 아담의 갈비뼈를 세기 시작했다."라는 벨기에의 속담처럼, 대부분 여성에게서 나타나는 질투는 사랑하고 있는 남자가 자기 이외의 여성을 사랑하고 있을 때 일어나는 사랑의 한 형태이다. 나와 관계가 없는 남녀의 친밀한 관계를 방해하는 여성의 비사회적 질투도 볼 수 있다. 그러나 남성들은 어른이 되면서부터 명예나 지위나 재산이나 권위와 같은 자기의 존재를 대외적으로 부각시키기 위한 질투가 발동한다. 관련된 사람에게만 피해를 주는 여성의 제한된 질투와 달리, 질투를 갖고 있는 남성의 처리방식은 강렬하고 극단적이며, 어떠한 경우에는 잔인할 정도로 파괴적이고, 파멸을 동반하는 경우가 대부분이다. 남성의 질투는 분노와 공포, 애정이 혼합되어 뭐든지 상대를 독점하려는 Oedipus 상황에 기인한다는 말이고, 최종적으로는 자신이 최고가 되어 세상을 움직여야 한다는 권력투쟁의 내용이 담겨있다. 역사를 훑어보아도 남성들의 질투는 많은 사람들을 죽음에 이르게 하였고, 아무 연관도 없는 사람들에게 상처를 주어 피폐하게 살아가도록 만들었다는 것이 수없이 증명되었다. 대표적인 것이 양자(養子)인 Brutus가 Caesar의 절대 권력에 대한의 질투, 권력유지에 위협적이었던 Trotsky주의자들과 Mikhail Tukhachevsky를 질투하여 대숙청을 단행했던 소련공산당 서기장 Stalin, 오스트리아와 독일의 전문직을 독점했던 유대인에 대한 Adolf Hitler의 질투와 복수심이 대학살로 이어지고, 자신 스스로 존중감에 젖어있던 있던 마오쩌둥(毛澤東)은 협력자 류사오치(劉少奇)에 대한 질투로 대숙청을 감행했다. 그리고 분단의 원흉인 이승만(李承晩)이 사회주의자였던 조봉암(曺奉岩)과 민족주의자이며 통일주의자였던 김구(金九) 그리고 여운형(呂運亨)에 대한 질투가 암살로 이어졌고, 군사쿠데타로 집권했던 박정희와 전두환은 의회주의자이며 민주주의 옹호자인 김대중의 혜안을 질투해 수많은 살인시도를 했던 기억이 떠오를 것이다. 또한 북한의 김일성과 김정일은 혁명 1세대를, 김정은은 통치에 걸림돌이 되는 수뇌들을 제거하는 행태에서도 권력의 질투를 볼 수 있다. 더불어 카인과 아벨, 사울의 질투로 인한 다윗과의 갈등을 보며, 성경에서 말하는 질투는 '육신을 지탱하지 못하도록 갈기갈기 무너뜨리는 골수염(骨髓炎)과 같고 더불어 악마가 영혼으로 들어오는 문'이라고 소개한다. 질투는 상대와의 경쟁에서 자신의 능력을 믿지 못하는 불신에서 오는 것이고, 더 나아가 자기 자신을 어느 대상인물이나 집단을 동일화하는데서 기인하며 그들로부터 나를 빼앗겼다거나 잃어버렸다는 상처받은 감정에서 오는 표현이다. 질투는 대부분 선망(羨望)이나 편집성성격장애(偏執性性格障碍)에서 오는 것이고, 결과는 그것을 해결하려고 무력을 도입시키는 속성을 가지고 있다. 그러기에 자크 라캉(Jacques Lacan, 1901-1981)은 자신의 박사논문에서 "외부의 뭔가를 보면서 혹은 어쩌면 부러워하면서 그 이미지를 안으로 받아들이되 동시에 부정하는 모순적인 속성이 바로 질투다."라고 말한다. 이 말은 질투라는 감정이 단순히 욕망이 좌절되거나 부러움에 대한 감정보다는 나와 대상에 대한 동일시가 동반되기에 강력하게 파생되는 감정이라고 말할 수 있다. 즉 자기 자신을 누군가에게 빼앗겼거나 빼앗길 상황에서 나온 감정인 것이다. 정치권력이 연관된 질투가 아니더라도 작게는 가부장적 사회제도를 이용해 인격체인 아내나 자녀들, 계급으로 이루어진 직장에서는 하급자의 업무와 생각까지도 소유하려고 드는 남성들의 모습에서도 잘 나타난다. 그리고 자신의 아내나 여자 친구는 오롯이 자기 것이 되어야만 하고 다른 남자가 주위를 얼씬거리거나 관심을 주면 신경을 곤두세우며 자신의 여성을 의심하거나 학대하는 경우이다. 또한 타자의 사적인 관계임에도 불구하고 백인여성이 흑인남성과 교제하거나, 하나가 되어 생활하게 되면 백인남성들은 흑인남성에게 백인여성을 빼앗겼다는 분노의 심리가 발동한다. 그리하여 백인여성을 천박한 사람으로 취급하거나 흑인남성을 자신들의 적으로 대하는 백인남성들의 질투를 본다. 이런 모습에서 사회주체는 백인이어야만 하고, 더불어 요직은 백인이 담당해야만 한다는 시각은 유색인종에 대한 질투이라 볼 수 있다. 그런데 자기보다 낮은 직업을 갖고 있는 사람에게는 목이 곧거나 어깨를 추켜올릴 뿐 질투를 느끼지도 않는 이유는 자신이 지배하고 싶은 동등한 대상에서 이미 벗어나 있는 그룹이기 때문이다. 타인의 인격이나 신체까지도 자신의 안으로 끌어드려 가두려는 의식, 동물의 세계처럼 내가 최고가 되어야만 한다는 열망의식을 갖고 살아가는 것이 남성의 본성이다. 그런데 남성들의 질투에는 지배하려는 것만 있는 것이 아니라, 경쟁자체를 두려워하거나 자신감의 결여에서 오는 경우도 있다. 내가 근무하는 호텔직원들을 살펴보면 여성 직원들 대부분은 서로 친밀성을 가지고 교류하지만 그에 반해 남성은 동료가 곤란한 상황에 처하게 될 때 그 기회를 이용해 자신이 우수하다는 것을 증명하고 싶다는 질투심을 보았다. 이렇듯 남성들의 질투는 극단적이고 파멸적이며, 사악하다고 간주해 볼 수 있다. 여성들의 질투는 일상의 한계를 넘어서지 않으려하기에 피해가 적다면, 남성은 현실을 인정하지 않고 목적을 성취하기 위해서는 Leviathan과 같이 누구든, 무엇이든 파멸시켜도 괜찮다는 지극히 위험한 사고를 갖고 있다. 몇 년 전 한국, 일본, 중국 등 3국 청소년들에게 '우울함'에 대한 설문조사를 했던 기억이 떠올랐다. 인구 비율에 따라 계산해본 결과 우울한 사람이 가장 많은 나라가 한국이었다. 이유는 세상물정을 더 빨리 간파해야 한다는 심리가 주요원인이라는 내용이다. 부연하자면 IT에서 얻는 정보를 통해 한발 앞서려는 심리가 발동되고, 이런 견제의식이 동료 간에 질투를 생성시킨다는 것이다. 질투를 촉발시키는 경쟁으로 인해 행복감이 추락되고 급기야는 많은 한국 젊은이들이 우울감에 빠져있다는 조사였다. 또 이 조사의 결과에서 청년세대보다 미성년자들이 우울감이 더 심하다고 말한다. IT에 항시 누설되어 있는 젊은 세대는 기성세대보다 진실성이나 친화성이 상대적으로 결여되어 있고, 상대에 대한 존중성이나 배려가 없는 자기중심적인 경향이 강할 뿐 아니라, 자기보다 한 발짝이라도 앞서거나 높이 올라가면 곧바로 질투심이 발동되는 것을 흔히 볼 수 있다. 질투는 누구나 갖고 있는 인간의 본능에서 발산되는 것이지만, 대부분 이 질투의 감정을 제대로 잘 다스리지 못해 스스로의 자존감뿐 아니라 삶을 불행하게 만드는 것이다. 또한 그 질투는 주위 사람들에게 상처를 입히고 원한과 복수를 불러일으킨다. 잘못 형성된 자존심과 허영심, 그리고 감정을 제대로 다스리지 못한 상태에서 나타나는 질투는 귀중한 삶의 에너지를 고갈시킬 뿐 아니라, 생활에 평온함이 없으며 오히려 불행한 시간이 지속될 수밖에 없다. 질투는 자신 스스로 짐을 지우는 강박이지만 격려는 타인의 생활에 힘을 주며 생활의 변화를 주는 행위이다. 그러기에 질투보다 격려하며 산다는 것은 행복을 추구하는 사람들의 인품이며 자신을 더 발전시킬 수 있는 지름길이다. 물론 감정을 다스리는 질투가 오히려 사랑의 관계에 놓여있는 사람과의 관계를 끈끈하게 해주기도 하고, 질투의 발산을 통해 자신이 분발할 수 있는 조건이 되기도 하지만 이런 사실은 고전문학에서나 나올법한 사건에 불과하다. 갈등을 형성하는 질투는 인간의 죄악성이 그대로 나타나는 악마적인 현상이다. 이것을 없앨 수 있는 방법은 질투에서 얻어지는 쾌락보다는 내려놓음을 추구할 때 욕망도 사그라지고 마음이 평온해질 것이다. 하이데거(Martin Heidegger)가 주장했던 〈시간과 존재〉의 핵심처럼, 내 본래의 모습을 제대로 이해한다면 탐욕을 멀리하고 내가 그리워하는 행복을 찾아 살아갈 수 있을 뿐 아니라, 상대를 질투하고 미워하는 것에서 벗어나 나만의 행복한 삶을 만들 수 있다는 것을 깨달아야 한다. 그리고 무소유라는 사상을 갖고 있다면 질투나 시기, 더 나아가 때도 시도 없이 몰려오는 경쟁상대에 대한 미움이나 화가 치밀어 오르는 감정도 제거할 수 있다. 실체도 없이 불안에서 오는 질투는 무엇해야만 하고 이루어야만 한다는 욕심, 상대로부터 자신의 능력을 인정받고 자신의 인격이 존경 받아야만 한다는 망상에서 오는 것으로, 질투로 쌓아 놓은 것들은 결국 산산조각 나게 되어있다. 쉽게 말하면 질투할 필요도 없고 내가 남들보다 못하다고 해서 실망이나 좌절할 것도 없이 그저 도도하게 흘러가는 시간 속에 우리의 인생을 맡기며 가는 것이 지혜롭다는 말이다. 아무리 앞서 달리는 사람도, 뒤질세라 힘겹게 따라가는 사람도 몇 십 년이면 인생이 끝나고, 남보다 강한 질투로 얻어진 부귀영화도 낙화유수처럼 잃어버리고 곧바로 삶이 종결된다. 물론 시기와 질투는 태어날 때부터 흙으로 돌아갈 때까지 떠나보낼 수 없는 본성이기에 흔적도 없이 지워버린다는 것은 불가능하지만, 빈 배가 거침없이 잘 달리듯이 갈수록 각박해지는 사회에서 질투라는 무거운 짐을 계속해서 선적하기보다는 마음을 내려놓고 온화하게 살아가는 사람만이 행복하게 살아갈 수 있다는 것을 기억해야한다. 오늘도 미움과 질투가 없는 세상을 그려본다. 그리고 불행은 질투에서 시작된다는 인간의 역사를 다시 한 번 생각해 본다.

ORA
FILIGRAN

Ⅳ

이민생활의 편린들

봄비 내리는 날의 단상

- 상생의 길을 찾아서 -

안개비가 내리는 새벽, 문밖을 나서자 옆집의 정원에 순백의 목련나무가 고아한 모습으로 내 옆에 서있다. 헐벗은 가지에 매달린 하얀 목련꽃들은 비 섞인 꽃샘바람에 이리저리 몸을 흔든다. 고운 빛깔을 품고 있는 송이마다 눈물 같은 초롱초롱한 물기가 맺혀 있고, 감우(甘雨)와 백목련이 조화를 이루고 있는 아름다운 모습에 문득 당나라 시성(詩聖)의 오언율시(五言律詩)가 떠올랐다.

好雨知時節 호우지시절 좋은 비는 시절을 알아
當春乃發生 당춘내발생 봄이 되니 이내 내리네.
隨風潛入夜 수풍잠입야 바람 따라 몰래 밤에 찾아 들어와
潤物細無聲 윤물세무성 만물을 적시네, 가만 가만 소리도 없이
野徑雲俱黑 야경운구흑 길은 온통 구름이라 어두운 데

江船火燭明 강선화독명　강 위에 뜬 배의 불빛만이 밝구나.
曉看紅濕處 효간홍습처　새벽에 붉게 젖은 곳을 보노라면
花重錦官城 화중금관성　금관성에 꽃들이 겹겹이 피어있으리라.

두보(杜甫) - 〈春夜喜雨〉

소리 없이 다가와 만물의 아름다움을 만들어내고 불꽃처럼 흔적도 없이 사라지는 계절. 팽창하지도 않고 수축하지도 않는 시간을 따라 이 계절은 멈추지 않고 영원을 향해 간다. 연속되는 시간 속에 잠시 얼굴을 내민 하얀 목련화도 며칠 후엔 시들어 사라질 것이고, 한정된 내 삶의 시한도 점점 깎여 나갈 것이다. 돌이켜보면 꽃이 며칠 더 머무른다고 해서 지금보다 아름다울 것도 아니고, 내 육신이 무병장수로 몇 십 년 더 산다고 해서 행복해질 것도 아니지만 점점 깎이어 나가는 시간을 아쉬워하는 것은 왜 일까. 아마도 인간의 본질을 잃어버리고 헛되이 살아온 시간에 대한 안타까움 때문일 것이다. "시간이 흐르는 것은 아름다운 것이 있기 때문이고, 이마에 주름이 하나 둘 씩 늘어가는 것은 세상 보는 눈을 보다 성숙하게 만들어 가려는 것이다"는 어느 시인의 글을 되새겨본다. 주어진 하루는 우리가 경성하고 또 경성해야 하는 시간이며, 부끄럽지 않은 죽음을 준비해가는 시간이어야 한다고 판단해 본다. 집을 나와 전철역에 가까워올수록 분무기로 뿌려 놓은 듯 엷고 희뿌연 포말이 계속해서 외투에 맺힌다. 잠이 덜 깬 정신으로 고개를 들어보는 새벽하늘은 커튼처럼 빈틈없이 암회색으로 가려져 있고 만물은 자꾸만 봄비에 젖어간다. 살아오면서 단 한 순간도 만족할 만한 기쁨도 없이 그저 부실하게 떠나보내 버린 시간, 그리고 그 뒤에 따라온 것은 인생이 허무하다는 아쉬움과 후회가 낟가리처럼 쌓여 있다. 덧없이 보내 버린 날들을 회상하며 후회에 후회가 더해지고, 세상 이치를 어느 정도 알만 한 나이가 되었지만 아직 인간의 본질이 무엇인지 깨닫지 못하고 있다. 보이지 않는 시간과 보이는 나, 그리고 우주는 도대체 무엇인지 내가 갖고 있는 상식을 총동원해 골몰하지만 조금도 이해할 수 없다. 머리는 또다시 복잡해지고, 정신은 질풍노도와 같은 혼돈으로 빠져들어 간다. 오늘도 고독함에 또 다른 광기를 가지고 덤벼보지만 유한의 범주에서 생각하며 행동할 수밖에 없는 한 인간이 무한의 세계를 알려는 것은 불가능하다는 것을 깨닫는다. 세월은 무한하고, 그 무한으로 이루어진 시간에 불쑥 솟아났다가 사라지는 인간이 그 유한 속에서 무한을 살피려는 추상적이고 비현실적인 문제를 더 이상 내 생의 주제로 삼지 말자고 약속해 본다. 내가 살아있을 동안 내내 마주해야 하는 현실은 무한이 아닌 유한이며, 그 현실에 머물고 있는 내 자신은 당장 목구멍에 풀칠하는 것이 더 중요하다며 타임스 스퀘어 지하철역에서 내려 첫 번째로 방문해야 할 호텔로 총총걸음을 한다. 항상 그래왔듯이 빠른 걸음을 하면서도 오늘 방문해야 할 호텔이 몇 개인지 회사에서 보내준 이메일을 열어본다. 이렇듯 현실은 나에게 먹고 살아야 하는 현재 상황을 인정하고 묵묵히 살라고 강요한다. 첫 호텔 앞에서 보행자신호를 기다리고 있을 때, 쏜살같이 달려오던 스포츠카가 갓길에 고여 있던 거뭇거뭇한 물을 내 쪽으로 튀기며 일순간에 모퉁이를 돌아 사라진다. 한 주를 시작하는 첫 날, 세탁해서 입은 옷이 더러워져 불편하고 싶지만 운전자는 이미 시야에서 사라져 버렸다. 살다 보면 오늘같이 좋은 상황보다는 나쁜 사건이, 기쁨보다는 성냄이 많은 것이 당연하다. 평정심이라고 했던가. 흔들리지 않고 있는 그대로 받아들이며 살아야 하는 것이 인생인 것 같다. 첫 호텔에서 일을 마치고 나와 44가에 있는 두 번째 호텔로 가면서, 오랫동안 교류하다 스스로 내 곁을 떠나버린 사람들의 얼굴을 떠올려 본다. 떠난 사람 대부분은 쓸데없는 것에 자존심이 강하고 물질에는 약간의 손해도 허용치 않는 각박한 성품들이었다. 당랑재후라 했던가. 눈앞에 보이는 손실만 계산해내는 사람들은 마치 뒤에서 위험이 따라붙고 있는 줄도 모르고 줄달음하는 사마귀의 모습과 같다. 그들은 손해 보며 세상사는 것이 심신에 이롭고 사람 대하기가 편하다는 것을 모르는 문외한들이다. 지금 내 곁을 지키고 있는 지인들은 인격적 교류를 중시하며 물질적으로 상대에게 늘 손해 보며 사는 사람들이다. 이들의 공통점은 성품이 온화하기도 하지만, 일취월장 아닌 일신우일신하기 위해 매일매일 경성(警醒)하는 사람들이다. 오전 일과가 끝나는 시간, 빗줄기가 제법 굵어지고 비를 피하려는 관광객들이 순식간에 가게와 빌딩 안으로 몰려 들어가고, 거리에는 우산을 받쳐 든 사람만 간간히 보인다. 후드득거리며 떨어지는 무거운 비에 가끔씩 거센 바람까지 불어오니 우산도 무용지물이다. 힘찬 바람에 우산살이 버텨내지 못하고 뒤집어져 연잎같이 하늘로 향한다. 우산살을 원위치로 돌리려고 기를 쓰는 그들의 모습에서 별안간 더 이상 감당할 수 없을 때 서슴없이 비워버리는 연잎의 지혜로운 결단이 떠올랐다. 그리고 마음의 그릇에 좋은 것들을 담으려면 욕심을 떨어버리고 항상 비어있어야 한다는 법정스님의 글도 떠올려 본다. 빗물을 버리지 못하고 계속해서 담아둘 때 연잎이 갈라지고 줄기가 부러지듯, 우리 삶도 비움 없이 이기와 욕심으로만 차있다면 고통만 늘려갈 뿐 안락함이 없을 것이다. 우리의 생활이 피곤하고 고통스러운 것은 버리거나 놓아야 할 것을 풀어놓지 못하기 때문이며, 세월이 더할수록 삶이 한가롭고 넉넉해져야 함에도 오히려 외롭고 두려움으로 휩싸여 가는 것은 이기와 욕심이라는 유혹의 덫에 걸려있기 때문이라고 생각해본다. 그리고 때가 낀 사물을 씻어주지만 전혀 불평하지 않고 땅으로 내려앉아 더 낮은 곳으로 소리 없이 흘러가는 봄비의 너그러움도 생각해본다. 욕망이나 탐욕을 버려야만 자신의 내면이 잔잔해질 뿐 아니라, 그 정화된 영혼은 우주와 함께 신을 볼 수 있을 것이다. "욕망은 작으면 작을수록 인생은 행복하다. 이 말은 낡았지만 결코 모든 사람이 다 안다고 할 수 없는 진리이다"라고 했던 톨스토이(Leo

Tolstoy)의 말과 "올바른 자는 자기의 욕망을 조정하지만, 올바르지 않는 자는 욕망에 조정 당한다."는 탈무드(Talmud)의 글을 더듬어본다. 전령사가 되어 한 계절을 알리는 봄비. 그리고 이 봄비는 '나'도 '너'도 아닌 '우리' 모두를 위한 것이다. 봄비가 오염된 우리들의 영혼을 씻어 내리고, 더불어 사람들마다 뜨거운 가슴에서 끓어오르는 신뢰와 사랑만이 이웃과 상생(相生)할 수 있다는 것을 깨달으면 좋겠다. 봄비에 마음도 젖어가는 길, 타자와 내가 함께 사는 것이 무엇인지 골몰히 생각하며 오늘도 하염없이 늘어진 타임스 스퀘어의 길을 따라 방문할 호텔을 향해 걷는다.

Washington Heights에서

- 가난한 동네에서 성공했던 사업의 추억 -

2021년 초여름, 이민생활을 시작한 이후 24년 동안 줄곧 봉급쟁이를 하다가 우연치 않게 사업을 시작하게 되었다. 장소는 Manhattan Uptown인 Washington Heights로, George Washington Bridge 입구에 있는 동네이다. 아파트 밀집지역인 이곳은 95%이상이 도미니카공화국에서 온 이민자로 구성되어 있고, 나머지는 라틴계와 Yeshiva University에 다니는 유대계 학생들이다. 유대계 학생들은 기숙사에 들어가지 못해 아파트를 얻어 주거하는 경우이다. Washington Heights는 Lower East Side나 Harlem과 같이 뉴욕시에서도 몇 안 되는 가난한 지역이다. 가난한 이유 중 하나는 대부분 이주경력이 짧은 이민자들이라 언어소통에 어려움이 있어 취직할 수 없기 때문이다. 이와 대조적으로 흑인 밀집지역인 Harlem에 거주하는 사람들은 영어가 모국어이기에 쉽게 직장을 얻을 수 있어 실업자가 없는 편이다. 일명 Little Dominican Republic으로 불리는 이 동네는 스페인어만 사용해도 살아가는데 전혀 지장이 없는 특성을 가지고 있다. 상점종업원 뿐 아니라 심지어는 시공무원, 경찰관, 은행원, 병원종사자, 학교 교사들에게도 거침없이 스페인어를 사용해도 통용된다. 이 지역의 소비자가 대부분 Dominican들이라면 사업자들은 외지에서 들어온 유대인이나 한국인이고, 식당을 운영하는 소수의 중국인들이다. 지역특성이 이러다 보니 응대해야 하는 종업원들은 당연히 스페인어에 능통해야 하고, 사업자들도 간단한 언어정도는 구사해야 한다. 사업자가 이들의 생활습관까지도 인지할 수 있는 소양까지 있다면 그야말로 최고의 사업조건을 갖춘 것이나 다름없다. Covid-19 유행이 정점을 지났지만 뉴욕시정부에서는 호텔이 감염의 온상지라며 영업을 제재하는 바람에 1년 반을 넘게 출근하지 못하고 집에 묶여 있었다. 노동을 할 수 없다 보니 생활은 점점 궁핍해지고, 그 동안 모아 놓은 돈까지도 손을 대고 있었다. 임중도원(任重道遠)이라고 했던가. 정식으로 은퇴할 시기가 2년 남았지만 노동의 기회가 주어지지 않아 답답함을 느끼고, 실업상태가 계속 이어지다 보니 자신감은 이전보다 퇴보해 있었다. 노동이란 자아실현의 가능성을 내보이는 것인데, Covid-19로 인해 우연치 않게 찾아온 실업이 미래를 불투명하게 만들어 매일같이 좌불안석이다. 하늘이 무너져도 솟아날 구멍은 있다고

했던가. 고통스럽고 불안한 현실을 벗어나려 이런저런 방도를 모색하던 중에 기회는 찾아오고, 지인이 운영하는 옷 가게 입구에 매장으로 사용할 공간과 쇼 윈도우를 얻어 모자가게를 개업하게 되었다. 첫 술에 배부르지 않듯, 생각지 않게 시작된 사업은 석 달 정도 고전했지만 조금씩 매상이 올라가더니 흑자로 돌아서고, 임대료와 기타 지출 비용을 제외하고도 생활비를 넉넉히 가져올 수도 있을 정도로 상황은 호전되었다. 부족한 자본을 가지고 시작한 가게는 다행이도 한국인에 대한 좋은 인상을 갖고 있는 손님들이 많이 찾아왔기에 매출이 상승했고, 고객들의 취향에 맞는 제품들을 더 사올 수 있을 정도로 점점 나아지고 있었다. 보통 가게를 운영하려면 상품의 1-2%정도는 도난이나 점원들의 실수로 손실을 입는 것이 암묵적 룰이지만, 내 가게에서 도난당한 물건은 일 년 동안 3건에 불과할 정도로 손실이 적었다. 주로 African American과 Hispanic이 거주하는 Yonkers와 Brooklyn에서 매장매니저로 근무한 경험이 있는 나로서는 이들보다 Washington Heights 사람들이 더 낙천적이며, 음주가무와 야구를 좋아하는 민족이라는 것을 알게 되었다. 대부분 가난하게 살지만 허세부리지 않고, 없으면 없는 대로 생활하는 것이 이곳 사람들의 장점이다. 구색을 갖추고 비즈니스를 시작하는 첫 날 아침에 집을 나오면서, 첫째는 이들의 인격을 존중하며, 둘째는 가난한 동네인 만큼 제품을 싸게 공급하는 것, 셋째는 팔다 남은 재고는 어려운 이웃을 위해 전부 기부하겠다는 다짐을 하였다. 이렇게 결심하게 된 첫 번째 배경에는 피부색이나 빈부차이를 막론하고 신으로부터 창조된 모든 인간은 존경받을 권리가 있다는 뜻으로, 이민초기에 영어가 능숙하지 못해 백인과 흑인으로부터 받았던 차별이 이루 말할 수 없을 정도로 분노를 일으켰기 때문이다. 물론 지금이야 산전수전 공중전 육박전 야간전 등 온갖 다양한 전투경험이 있는데다 대화할 수 있는 능력을 조금이라도 갖추었기에 누구에게도 당하지 않는다. 하지만 그 시절에는 대화의 이해도와 구사능력이 떨어졌기에 무시해도 꿀 먹은 벙어리처럼 이래저래 참을 수밖에 없는 상황이었다. 과두시사(蝌蚪時事)라 했던가. 개구리가 올챙이 시절을 알지 못하는 것같이, 이런 아픔이 있는 내가 이들이 영어를 못한다고 구박하거나 차별한다면 과연 바른 것인가? 영어가 공용어일지라도 이들과 소통하기 위해서는 이들의 언어를 배우려는 태도와 시도가 필요하다.

두 번째 이유는 이익을 도모하는 것이 사업이라지만, 없는 사람들에게 원하는 가격을 다 받는다면 상도(商道)에 어긋나는 Business Mind이다. 그러기에 부득이한 경우를 제외하고 원가에서 40% 이상 이익을 챙기지 말자고 작정을 했다. 우리 가게를 찾아준 것도 고마운데 일반 사업자들이 하는 대로 80-100%의 이익을 남긴다면 내 성격상 마음이 편하지 않을 것 같아 내린 결정이었다. 이런 원칙을 확실히 정해 놓고 실행했던 것은 집을 사고 좋은 차를 타고 다니기 위해 시작한 것이 아니라, 생활비만 벌면 된다는 마음으로 시작한 것이기에 적은 이익에도 전혀 부담이 없었다.

세 번째 이유는 계절이 지난 재고와 마진의 10%는 사회공동체에 기부함으로 '나도 살고 너도 산다'는 예수의 가르침 때문이었다. 갑자기 기온이 내려간 1월 초순, 외투도 없이 맨발에 슬리퍼를 신고 나타난 노년의 홈리스가 우리 가게를 찾아와 스페인어로 알아들을 수 없는 말을 한다. 상황을 보니 추위를 견디다 못해 나를 찾아와 도움을 청한 것이다. 이대로 밖에 나갔다가는 반나절도 않되 동사할 것 같은 분위기가 느껴지고, 오들오들 떨고 있는 그의 몸에 내가 입고 있던 겨울 자켓을 벗어 입혀주었다. 눈청소를 할 때 신으려고 구비해 놓은 작업화와 겨울양말, 현재 팔고 있는 겨울 빵모자를 건네주었더니 연신 “고맙다”라는 말을 반복하며 떠났다. 이 노인이 떠나자마자 안 되겠다 싶어 빵모자와 겨울용 Thermal속옷들을 싸 들고 나가 노숙자 8명에게 나누어 주었다. 가게에서 손님들이, 그리고 거리에서 이 모습을 보았던 사람들의 입을 타고 삽시간에 소문이 돌아 내 가게 뿐 아니라 한국인에 대한 이미지도 좋은 방향으로 흘러갔다. 그리고 한 달 전인 12월에는 가을에 팔다 남은 재고도 동네 사람들에게 나누어 주기도 했다. 이런 일이 있은 후 3월이 되어서는 매상도 눈에 띄게 좋아졌고, 여름이 시작될 무렵에는 순이익이 호텔에서 받았던 주급의 2.5배 이상 증가하기도 했다. 나비효과이론처럼, 그들에게 베푼 작은 것들이 가게 매상이 달라지고, 더불어 우리 가게가 이웃 주민들로부터 사랑 받고 있다는 것을 알게 되었다. 대부분 뉴욕시민들이 Washington Heights는 가난한 사람들이 사는 지역이라 범죄도 많을 것이라는 선입견을 가지고 있지만 그것은 이해부족이다. 오히려 수준이 높다는 지역에서 매년 원한이나 분노에 의한 다수의 총기 살인, 그리고 강도 살인과 마약범죄 등 중범죄가 다반사로 일어나지만, 이곳은 내가 있었던 1년 동안 강력범죄가 단 한 건도 없었다. 아니, 몇 년 동안 한 차례도 없었다는 통계가 있다. 또한 부자동네보다도 마약을 하는 사람들이 아주 적다. 왜냐하면 궁핍해서 마약을 살 여유가 없기 때문이다. 우리가 진중해야 할 것은 무식하니까 용감한 것처럼, 무지하니까 선입견이 발생한다는 것이다. 예를 들어 소득이 낮은 지역이라고 해서 범죄가 많을 것이다, 낙천적인 성격을 보고 게으르고 헤픈 성격이다, 어두운 피부색을 가졌으니 무식할 것이다 등 대부분의 사람들이 쓸데없는 선입견을 갖고 있다. 이런 잘못된 선입견이나 편견은 지식의 부족과 잘못된 정보에서 오는 이른바 석두(Stone Head) 효과다. 한마디로 경험으로 확인되지 않은 선입견은 무지와 오류의 극대화라는 말이다. 안타까운 것은 많은 사람이 선입견이나 편견으로 인해 겉모습에 치중하고 상대의 속모습은 보려 하지 않는다. 오만에서 오는 선입견이나 편견은 고정관념으로 변질되어 인종차별주의자로 발전할 수 있으며, 더 나아가서는 인종분리주의자로 변신할 수 있는 위험한 요소가 되기도 한다. 더 큰 문제는 암묵적인 편견이나 공공연한 편견보다는 자동적 편견이다. 이 자동적 편견은 뇌와 지각의 잘못된 차원에서 일어나는 현상으로, Psychopath나 반사회적 인격장애인인 Sociopath의 성향이 잠재해 있다고 보는 것이 나의 입장이다. 그 예가 과거에 있었던 KKK의 흑인에 대한 만행이나 나치의 유대인학살이 대표적이고, 현재는 비일비재하게 일어나는 타 인종을 향한 총기난사사건, 타 종교인에 대한 폭력이나 학대, 탄압도 잘못된 정보를 인정하는 선입견이나 자동적 편견에서 오는 현상이다. 대부분의 백인들이 편견을 거부하는 것 같이 처신하지만 솔직히 그것은 위선이다. 요즘 백인들은 무력을 사용했던 과거와 달리, 유색인종을 비판할 이슈를 찾은 다음 고도화된 전술로 궁지에 몰아넣는 사악한 방법을 사용한다. 어쨌든 선입견이나 편견은 타인이나 다른 인종에 대해서 좋은 쪽보다는 나쁜 쪽으로 왜곡시키는 심각한 사안이기에 경계해야 한다. 소통도 전혀 없는 상태에서 우리의 머릿속에 먼저 자리 잡은 선입견이나 편견의 결과는 상대의 행복과 삶의 질을 저해하는 야만이며 잔인함이 될 수 있다. 그러기에 선입견을 비우고 사물과 사람을 보는 것이 가장 간단하면서도 현명한 방법일 것이다. 어쨌든 이렇게 사업이 무르익어가던 시기에 사고로 한 쪽 무릎인대가 찢어져 제대로 활동할 수가 없었고, 결국 줄기세포를 심는 수술을 받아야만 했다. 수술을 하고 최소한 한 달은 쉬고 난 다음 6개월에서 1년 정도는 무리하지 않게 활동해야 한다는 의사의 권고가 무색하게 다음 날부터 가게 문을 열수 밖에 없었다. 1월 1일 외에 가게 문을 닫으면 벌금이 나오기 때문이다. 한 달 동안 종업원에게 맡겨 놓는 대안도 있지만, 문제는 가게에서 필요한 물건은 내 스스로 조달해 와야 하기 때문에 별다른 방도가 없어 예전처럼 가게에 나와 일을 한 것이다. 물품 때문에 이리저리 돌아다니고, 하루에 9시간씩 손님을 응대하다 보니 무릎이 붓고 통증이 대단했다. 수술한 상태로 일을 하는 날이 하루 이틀도 아니고 계속 무리하다 보니 통증에 후유증까지 겹치고, 묘수를 찾다가 결국 지인에게 가게를 인계해주고 마무리했다. 순조롭게 잘 풀리던 사업이 수술후유증으로 접어야 했지만 아쉬움은 없다. 이유는 지인이 인수받았다는 것도 있지만 그것보다는 내 건강이 더 중요하기 때문이다. 얼마 전에 가게가 잘 운영되고 있는지 찾아갔더니 이웃가게 점주들이 찾아와 건강은 어떠하냐고 물어온다. 그리고 같이 일하던 친구들도 잘 있었냐고 얼싸안으며 안부를 묻는다. 또한 모자를 사러 온 손님들도 예전처럼 손을 흔들어 인사한다. 손님과 점주, 원주민과 외지인이란 틀을 깨고 서로 열린 마음으로 소통했던 아름다운 시간들. 비록 떠났지만 나를 기억해주는 따뜻한 사람들의 모습이 지금도 머릿속에서 맴돈다. 일 년이라는 짧은 시간이지만 그들과 함께 했던 시간은 잊지 못할 아름다운 추억이다. 나이가 들어갈수록 추억을 먹고 산다고 했던가. 가난한 그들과 함께 했던 시간은 오늘의 추억이 되고, 더불어 무덤으로 갈 때까지 Washington Heights는 잊지 못할 추억으로 남아 있을 것이다.

내 사랑 Jack

- 생활의 동반자, 반려견 -

다람쥐 쳇바퀴 돌듯, 매일같이 반복되는 내 생활을 돌아본다. 항상 그렇듯 호텔에서 야간 일을 마치고 집에 돌아오면 가볍게 식사를 마치고 소화도 시킬 겸 2시간 정도 독서를 하다 잠자리에 든다. 먹고 살기 위해 택한 직업이 생활뿐 아니라 육체의 리듬까지 깨버리고, 오랜 기간 햇빛을 보지 못한 탓에 가끔씩 우울함을 느낀다. 요 몇 달 간 야간 일을 나가 아침에 돌아오고, 아내는 아침에 일을 나가 저녁에 귀가하다 보니 서로 마주할 시간은 2시간 정도뿐이다. 무의미한 생활이 지속되던 어느 날, 출장일 잡혀 반려견을 돌볼 수 없으니 며칠만 봐 달라는 메시지가 작은 아들로부터 왔다. 허전하던 차에 잘됐다 싶어 아들의 요구를 흔쾌히 받아들였다. 출장을 갔다 돌아온 뒤로도 바쁘다는 핑계로 반려견을 데려가지 않는다. 이후 반려견 Jack

과 함께 생활한지 그럭저럭 4년이 되었고, 4년이란 세월을 돌이켜보니 우리 부부의 부지런한 생활습관이 확실하게 더 부지런해졌음을 인지한다. 눈이 오고 비가와도, 지글거리는 더운 날도, 삭풍이 부는 추운 날에도 거르지 않고 하루에 세 번, 365일 Jack과 같이 산책을 한다. 이유는 시바 견종이라 집안에서 절대 용변을 보지 않기 때문이다. 그리고 두 번째 산책인 오후 2시나 3시에는 공원에서 3마일정도 산책을 한다. 오랫동안 무미건조한 날을 보내다가 Jack이 우리 집으로 옮겨온 후로 이렇게 우리 부부가 생활에 활력을 얻은 것이다. Jack을 보면 가끔씩 중학교 1학년 때가 떠오른다. 어느 날 하교해 집에 오니 젖을 막 뗀 강아지가 보였다. 너무 기뻐 어찌된 것이냐고 물어보니 아래 동네 아무개 집에서 얻어왔다고 한다. 이후 수업시간에도 강아지가 아른거리고, 방과 후엔 좋아하던 공놀이도 포기하고 서둘러 집으로 향한다. 그리고 어두워질 때까지 같이 이곳저곳을 뛰어다니며 놀았다. 어느 날, 수업을 마치고 집에 돌아와 개와 같이 산책하기 위해 나가려고 옷을 갈아입고 있을 때, 동네 어른들이 찾아와 "한 두 달만 있으면 새끼를 낳아 집이 복잡해질 텐데 며칠 후에 손을 보면 어떻겠느냐?"는 말을 문설주 옆에서 들었다. 곧바로 일어나 어른들의 말을 끊으며, "아저씨 집에 키우는 개가 있다면 그렇게 하겠느냐?"고 따졌더니, 한 아저씨 왈, "개는 식용을 위해 기르는 것이고, 키우던 개는 주인이 처리하지 못하니 주인이 아닌 사람들이 하는 거야."라는 궤변을 늘어놓는다. 눈물을 흘리며 아버지에게 절대 안 된다고 읍소했지만 다음날 학교를 마치고 돌아와 보니 음식이 1/3 정도 남아있는 양은냄비와 사기 물그릇이 덩그러니 놓여있을 뿐 개는 보이지 않았다. 밥을 먹던 도중 동네 어른들에 의해 끌려간 것을 직감할 수 있었다. 동네 어른들에 대한 분노에 그 용기를 쭈그려 팽개쳐버리고 그 자리에 주저앉아 하염없이 눈물을 흘리며 통곡을 했다. 이후에도 반려 견의 모습이 계속해서 떠오르고, 오랫동안 의욕을 잃은 채 생활하던 때가 떠오른다. 이때가 살맛 없는 세상을 처음으로 느끼던 때였다. 50년이 넘게 지난 지금도 어른들의 잔인한 행위와 지켜주지 못한 죄책감이 가끔씩 떠오른다. 그리고 20년이 지난 1990년 아내와 같이 경남 통영군의 한 섬에 교회를 개척하게 되었다. 찾아오는 사람 없는 고도에서 날이 갈수록 외로움은 더해 갔고, 외로움을 해결할 만한 방법을 숙고하다가 반려견을 입양하는 것이 가장 낫다는 판단을 하게 되었다. 따사한 햇빛이 내리던 어느 봄날, 통영시 북신동 매립지에 서는 재래장날에 하얀 강아지를 데려왔던 기억이 지금도 생생하다. 육지에서와 달리 섬이라서 목줄이 필요

없었고, 매일 같이 그 반려견과 해변을 같이 걷던 추억이 30년이 훨씬 지난 지금도 가끔씩 떠오른다. 뜻하지 않게 필리핀 선교사로 떠나게 되었고, 이 반려견이 한국에서는 마지막이었다. 이민생활을 시작한 후로는 세입자들이 지켜야할 계약을 따라 더 이상 반려동물과 함께 할 수 없었다. 환경도 환경이지만 정신없이 돌아가는 생활에 반려동물과 같이 할 시간적 여유가 없었다는 말이 옳을 것이다. 숨 가쁘게 달려온 이민생활은 시간이 지나면서 점점 마음에 여유가 들어가고, 아이들이 다 장성해버린 지금은 Jack과의 함께 하는 시간이 많아 행복하다. 솔직히 젊은 시절의 반려견은 상하로 이루어진 종속적인 관계로 이루어졌다면 지금은 친구와 같은 생활의 동반자이다. 이 말은 나에게 Jack이란 애완동물이 아니라 내 가족의 일원이라는 뜻이다. 요즘 치열한 경쟁구조로 인해 외로운 갈대가 되어버린 사람들이 넘쳐난다. 특히 젊은 층에서 허전함과 외로움을 벗어나기 위해 마땅한 무언가를 찾으려 하고, 해결책으로 반려동물을 선택하는 경우를 많이 보았다. 인간과 반려동물은 '위로와 사랑'이라는 상생의 관계로 이루어져 있는 것이고, 이 구조가 무너지면 반려동물은 당연히 노리갯감이 되는 것이다. 반려동물은 인간에게 마음의 상처를 주거나 반항도 없고, 인간의 말에 순종한다. 하지만 인간이 주인이라는 의식으로 사로잡혀 있다면 그것은 반려가 아닌 애완이 되는 것이며, 가장 근본이 되는 사랑이라는 관계가 무너지는 것이다. 좋아한다는 것은 상황이나 기분에 따라 싫음으로 변할 수 있지만, 사랑한다는 것은 시작과 끝이 일관되고 결코 변하지 않는 숭고함이다. 오래 전 동물은 대지를 누비며 자유롭게 살아갔지만 인간의 필요로 사육되기 시작했다. 자유롭게 살던 동물들을 가축화 시킨 실수를 진심 어린 대우와 사랑으로 대신해야 한다. 얼마 전, YouTube에서 반려견에 대한 몇 개의 프로그램을 보았다. 버림받은 그 자리에서 4년 동안 눈비를 맞으며 주인을 기다리던 개, 그리고 양심의 가책을 느끼고 돌아온 주인과 재회했다는 내용이다. 또한 실종되었다가 9년 만에 주인을 만나자 반가워 울음소리를 내는 반려견의 모습은 내 눈시울을 뜨겁게 하였다. 이어 반려견을 도로에 버리고 도망친 주인의 모습이 담긴 화면을 보며, 인간은 반려견을 버려도 반려견은 결코 인간을 버리지 않는다는 것을 새삼 깨닫는다. 반려견은 인간을 배신하지 않고 변치 않는 사랑을 주지만, 인간은 자신의 상황에 따라 은혜를 원수로 갚는 유일한 동물이다. 이기와 계산에 가득 찬 인간의 눈과 달리 반려견의 눈에는 아름답고 순수하며 진실이 잠겨있다. 요즘 유행에 따라 반려동물을 키우는 가정이 많다. 하지만 한 생명인 반려동물은 놀다 싫증나면 버려두는 장난감이 아니기에 그에 따른 책임감도 요구된다는 것을 알아야 한다. 수시로 변하는 인간의 간악한 심성을 보며, 어른들이 '도리를 갖추지 못한 사람은 충직한 개보다 못하다'는 말이 틀린 것은 절대 아니다. 하지만 누구를 비유할 때 "개보다 못한 인간", "S.O.B" 하는 것은 싫다. 왜냐하면 사람 같지 않은 이에게 개와 같다고 대입시키는 것은 변함없이 진실하고 선한 성품의 개를 능멸하는 처사이기 때문이다. 오늘도 작은 생명 Jack의 건강을 위해 기도한다. 그리고 Jack과 우리 가족이 생명이 다하는 날까지 서로 하나가 되어 사랑을 잃지 않기를 간절히 소망한다.

V

삶과 죽음, 생명에 대한 단상

Flushing Meadows Corona Park에서

- 삶과 죽음에 대한 묵상 -

며칠 후면 4월에 들어서지만 예년과 다르게 수은주가 영점 아래로 내려가 있다. 구름 한 점 없는 하늘은 눈이 시리도록 파랗고, 대지에는 아직 거뭇거뭇한 잔설이 이곳저곳 남아있다. 간간히 토사곽란 하는 살바람은 호수주변을 둘러싼 갈대들을 매섭게 흔들어대고, 앙상한 몰골의 갈대들은 아무 대꾸도 없이 그저 하늘을 향해 고개를 꼿꼿하게 쳐들고 있다. 살얼음이 낀 호수 옆엔 지긋지긋한 추위에도 푸름을 잃지 않고 견뎌온 알래스카 잔디가 보이고, 그 위에는 지빠귀, 까마귀, 탄식비둘기, 흰점 찌르레기, 붉은 어깨 검정 새, 청둥오리, 캐나다 기러기가 떼를 지어 새순을 뜯고 있다. 겨울을 잘 견뎌 낸 다람쥐는 새들 사이로 촐랑거리며 뛰어다닌다. 종잡을 수 없이 이쪽저쪽에서 세차게 부는 바람은 자연의 작곡자이며 연주자. 호수는 바람의 연주에 따라 촘촘하고 빠르게, 때로는 천천히 크고 작은 물비늘을 만들어낸다. 바람은 바람으로 불어가며 사물을 흔들어 보지만 본연의 자리를 떠나지 않고 굳건히 지키고 있는 자연은 아름답다. 삶의 연륜이 짙어갈수록 봄을 그리워한다고 했던가. 바쁜 일상에도 내 마음은 어느새 봄의 언덕에 올라와 있고, 양지바른 벤치에 앉아 봄을 만끽하다 재빨리 메모지와 펜을 주머니에서 꺼낸다. 그리고 머릿속을 스쳐지나 가는 단어들을 급히 적어보지만 온통 허송세월을 보낸 아쉬움과 인생의 참다움을 깨치지 못하고 살아온 후회의 문구뿐이다. 바람결에 유유히 흘러가는 구름처럼 이미 떠나버린 시간을 이제 와서 미련을 가지고 적어본들 무엇하랴. 흘러가버린 시간을 더듬어보기에는 너무도 멀고 깊어 글로는 메워지지 않을 것을. 하지만 내일은 또다시 태양이 떠올라 우리의 머리위에서 찬란하게 빛날 것을 기대하듯, 여생을 후회 없이 살아가자는 마음가짐으로 메모지를 채워간다.

추위 속에서 가슴 졸이며 기다리던 봄은 잠시 머물다 무성한 여름이 나를 기다린다며 매정하게 떠날 것이다. 여름 가면 겨울 오고, 봄이 가면 가을 오듯, 반복되는 계절은 탄생과 죽음의 리

허설일 뿐이다. 탄생은 살아가고 있음을 말하지만 죽음은 육신 활동이 현실과 연계될 수 없는 멈춤이며 사라짐이다. 많은 사람이 죽음에 대해서 두려워하는 이유는 자연과 하나 되는 삶을 추구하지 못했기 때문이며, '죽음'이 자연으로 돌아가는 과정으로 인식하지 못하기 때문이다. 얼음이 녹으면 물이 되고, 물이 얼면 얼음이 되는 현상은 물의 본질은 변하지 않고 형태만 변하는 것이며, 미풍이나 태풍은 강도만 다를 뿐 역시 바람이라는 본질에는 변함이 없다. 지금 우리가 살아있지만 산 것이 아닌 죽어 있음이며, 진이 다하여 육신은 죽었지만 역시 소멸하지 않는 것이 삶과 죽음의 본질이다. 탄생과 죽음이 동일한 것은 자연의 원리이며 본질이기 때문이다. 그러기에 편협한 눈으로 자연을 보는 사람들에게는 생멸(生滅)만 있고, 영안이 있는 사람에게는 생멸(生滅)이란 없다. 죽음은 궁극적으로 삶과 함께 영위해가는 문제이기에 많은 사람들이 관심을 갖고 있고, 나 역시 '죽음으로부터 도피할 수 있는가', 죽음은 불가결한 것이고 도피할 수 없다면 '두려움 없이 죽음을 맞이할 수 있는 방법은 없는 것인가' 라는 질문을 수없이 하며 살아간다. 며칠 전 독서모임에서 Yale대학교 철학교수인 Shelly Kagan의 『죽음이란 무엇인가』라는 책을 공부했다. 내용에는 "영혼은 있을 수도 없을 수도 있다. 아직까지 우리가 믿는 영혼을 입증하지 못했기 때문이다. 그렇기에 나는 영혼이 존재한다는 확실한 증거가 나오기 전까지 영혼의 존재를 부정하고 영혼이 없다는 사실을 여러 가설과 증거들을 통해 부정할 것이다"고 한다. 또한 시공간의 벌레라는 개념을 도입해 "나를 정의하는 것은 과거부터 현재까지 제반의 연속된 기억과 경험과 인격을 가지고 있는 것인데, 신이 내 영혼을 들어내고 나와 동일한 상황에 있던 사람의 영혼을 내 육신에 집어넣는다고 해서 그것이 '나'가 될 수 없다는 것, 또한 "아무도 나를 대신해 나의 죽음을 경험할 수 없다." 그러므로 "죽음은 나쁜 것도 아니고, 영원히 산다는 것도 좋은 것은 아니다."라는 말이 떠올랐다. 한마디로 '육신이 죽으면 완전히 끝'이라는 말을 애매모호한 단어를 사용해 복잡하게 늘어놓는 것 같아 불쾌하다. Shelly Kagan이 말한 내용을 중얼거리고, 옆에서 이 말을 들었던 아내는 무슨 말을 하느냐고 물어온다. 내용을 설명하고 이어 "철학자들은 죽음과 그 이후에 대해서만 논할 뿐, 탄생과 죽음을 하나로 묶어 보지 않는다. 육신만이 존재한다는 일원론에 근거해 오로지 죽음에 대해서만 논하는데, 이것은 내가 원하는 해답이 아니다. 영을 배제한 채, 죽음을 생물학적으로만 보기 때문에 그의 철학이 나에겐 가치가 없다."고 내 의견을 말해준다. 물론 탄생은 이미 지난 사건이고, 다가올 죽음과 맞이해야 할 자세를 논하는 철학도 중요하다. 하지만 모든 가능성들을 배제한 채 오로지 죽음을 생물학적으로만 본다는 것은 나에겐 납득이 가지 않는 그의 철학적 논리이다. 어쨌든 삶과 죽음은 누가 대신할 수 없는 오로지 자신 스스로가 짊어져야 할 몫이다. 소유와 탐욕이 넘실거리는 삶에서 위안과 위로를 받을 것은 아무 것도 없다. 물욕을 버리지 못하는 것은 평생 고뇌와 갈등에 얽매여 있는 것이며 자연과 소통할 수 없는 외로움이다. 외로움을 느끼는 것은 죽음을 피해가고 싶은 삶에 대한 애착이다. 삶이 얽매여 있지 않다는 것은 순간순간 새로 태어나는 것을 말하며 죽음의 영역에서 벗어나있음을 말한다. 마음에서 욕망과 탐욕을 비워버린다면 죽음이라는 두려움에서 벗어날 수 있고, 과거의 나와 다른 현재의 나를 발견할 수 있을 것이라고 추론해본다. 유대계 독일인이었던 카프카(Franz Kafka)가 『변신(變身)』이라는 책에서 '삶이 소중한 이유는 언젠가 끝나기 때문이다.'라는 간결한 말이 떠오른다. 소중한 것은 다가올 죽음이 아니라 나에게 주어진 현재이다.

Soon it shall also come to pass

- 비움과 무위자연의 삶 -

하루 종일 비가 추적추적 내리고, 아쉽고 서운하긴 했지만 30-40년 전부터 소장하던 모든 책들을 남김없이 지역도서관과 교회에 기부를 하고 집으로 돌아왔다. 살아갈 날도 많은데 마치 생을 정리하는 것 같은 느낌은 무엇일까. 수많은 별들이 갖고 있는 추억처럼, 한 권 한 권마다 사연이 담겨있는 책들을 기부하고 문을 나서자마자 공연한 행동을 했다는 후회가 가슴을 스쳐지나간다. 이미 돌이킬 수 없는 선택은 마치 정든 사람을 두고 발길을 돌리는 것처럼 섭섭하고 아쉽다. 아니, 살 한 부분을 도려낸 것 같은 아픔을 안고 집으로 돌아오는 차안에서 느닷없이 "행복의 척도는 필요한 것을 얼마나 많이 갖고 있는가에 있지 않다. 불필요한 것에 얼마나 벗어나 있는가에 있다"는 법정스님의 말이 떠올랐다. 한 곳에 마음을 두지 않고 홀가

분하게 살 수 있는 것은 불필요한 것을 소유하지 않는데 있음에도 마음을 바로 세우지 못하고 살아온 것은 물질에 대한 욕심 때문이다. 그래서 성경에서는 “보물이 있는 곳에 내 마음도 있다”고 하지 않았는가. 필요이상의 과도한 소유가 오히려 불편을 낳고, 그 불편은 불평과 불만이 되어 지금껏 내 정서를 해치며 살아왔다. 집에 돌아와 거실에 널려 있는 이런저런 물건들을 정리하다 손수 적어놓은 메모파일과 각종 문예에 관한 기사들을 모아놓은 여러 파일이 눈에 들어온다. 그중 한 메모파일을 뒤적이다 릴케(Rainer Maria Rilke)의 작품 『두이노의 비가(悲歌)』의 한 부분을 손 글씨로 적어 놓은 내용이 눈에 들어온다.

> ‘가장 쉽사리 사라지는 우리와, 한번, 모든 것이 단 한 번 존재할 뿐, 한 번 그리고 다시 오지 않는다. 우리도 한 번 존재하느니 결코 다시 시작되는 법이 없다. 하지만 이렇게 한 번 존재했다는 사실은 되물릴 수 없으리라.’

자연은 영원토록 불변할 것이지만 공간과 시간에 지배를 받고 사는 우리에겐 오로지 변화와 소멸뿐, 삶의 기준이 되는 진리도 영원히 머무를 수 없다. 부귀영화를 누리며 건강하게 살아도 백하고도 이삼십년을 넘길 수가 없으니 바람처럼 왔다가 이슬처럼 덧없이 살아지는 것이 인생이다. 자연의 지배를 받고 사는 우리에게 주어진 인생이란 영화 필름처럼 되돌려 재생할 수 없는 것. 한 번 가면 처음으로 되돌아 갈수도 그렇다고 다시 물릴 수도 없는 낙장불입이다. 백사장을 다 할퀼 것 같이 거센 파도가 밀려오지만 눈앞에서 곧 사라지고 이에 잔잔함도 잠시 또다시 파도가 밀려오듯, 우리가 만나는 좋은 일도 나쁜 일도 곁에 잠시 머물다 파도처럼 사라지고 또다시 새로운 사건들을 만난다. 한정된 인생의 시간 속에서 비애와 기쁨이 채워지고 비워지기를 반복하지만 결국 이 모든 것이 불꽃처럼 일순간에 사라질 뿐이다. 회오리바람은 한나절을 불지 못하고 소나기는 하루 종일 내리지 못하듯, 인생에서 만나는 사건들 역시 잠시이기에 기뻐할 것도 슬퍼할 것도 없이 그대로 받아들이며 살아가야 한다. 패기가 넘쳐 만사를 오만하게 대했던 10-20대는 삶이 영원할 것 같은 착각 속에 살아왔다. 철이 조금 들어가던 30-40대에는 죽음에 대한 두려움으로 고민을 하더니, 겸손이 무엇인지 조금 알 것 같은 50-60대에는 인생자체가 무상이며 사랑과 증오도, 행복과 고난도 영원하지 않고 어느 순간이 되면 이것 또한 바람처럼 지나가고 안개처럼 흔적도 없이 사라진다는 이치를 깨닫는다. 하지만 고희가 가까운 이 나이에도 마음 한 구석에는 무엇을 채우고 싶은 욕망이 불타고 있는 것은 왜일까. 그것은 아직도 내 인생이 시간을 초월해 영원으로 이어질 것 같은 착각에서 오는 집착이다. 그리고 내면에 잠재되어 있는 본능적인 심리를 조절하지 못해 오는 원인으로, 내가 속해 있는 사회적 집단에서 타인보다 더 뛰어나야 한다는 열등감을 억제하지 못해 일어나는 현상일 것이다. 어느 것에도 만족하지 못하고 더 많은 갈망과 탐욕에 미련을 두고 있는 것은 발전이 아닌 정체나 퇴보를 의미한다. 내일은 새벽에 출근해야 하기에 물건들을 정리하는 속도가 빨라지고, 끝나자마자 벌써 일터가 있는 타임스 스퀘어의 거리가 떠오른다. 타임스 스퀘어를 걸을 때마다 바람속의 먼지와 같이 홀연히 사라질 것을 움켜쥐려 치열하게 살아가는 어리석은 사람들의 참혹한 전쟁터로 보일뿐이다. 그리고 모두들 비울 줄 모르는 자신들로 인해 타인에게 상처와 고통을 부여한다는 것을 간과하며 분주하게 살아간다. 나를 삼키기 위해 난폭하게 달려드는 무자비한 세상, 하지만 무심(無心)하게 살아간다는 것은 현재와 미래에 대한 몰입이 아닌 언제든 비워져 있는 것이기에 잃어버릴 것도 채울 것도 없다는 것을 깨닫는다. 그러므로 비운다는 것은 흔적도 없음이다. 채움으로 살아가는 것은 인간의 본능이지만 나 역시 자연을 따라 행하고 인위를 가하지 않은 무위(無爲)의 중요성을 모르기에 지금 이 시간도 내 스스로가 자유인이 되지 못하고 시간과 물질에 얽매여 살아감을 통탄한다. 그래서 성경은 '헛되고 헛되며 헛되고 헛되니 모든 것이 헛되도다. 해 아래서 수고하는 모든 수고가 사람에게 무엇이 유익한가. 한 세대는 가고 한 세대는 오되 땅은 영원히 있도다.'라며 인생무상을 적어 놓지 않았던가. 우리가 노력해서 명성을 얻고 부를 이루어 놓지만 결국은 자신 스스로가 누리고 있는 시대가 끝나면 하나 없이 그저 사라져버리는 '없음'이다. 벌어 놓은 것을 가지고 저 세상으로 여행하지 못하고 한 줌의 먼지로 사라져버리는 인생. 그러기에 인위로 무엇을 하지 않고, 또한 신이 창조하신 자연에 순응하며 사는 것이 가장 행복한 삶이라는 것을 깨달으며, 스스로 그러한 대로 존재하는 무위자연의 삶을 소망해 본다.

오솔길 위의 낙엽

- 비움의 철학적 단상 -

여름 내내 짙푸르고 무성하던 숲에는 순환하는 시계를 따라 가을이 스며들어간다. 나뭇잎들은 날이 갈수록 시름거리고, 이미 퇴색이 되어버린 잎들은 떨어진 낙엽이 되어 산책길 위에 뒹군다. 숲은 노랗고, 아직도 삶에 미련이 많은 잎들은 가야할 시간이 마땅치 않는지 계절의 눈치를 보며 외로이 매달려 있다. 소리 없이 떨어져 공원 이곳저곳에서 뒹구는 낙엽들의 설운 모습이 눈에 들어온다. 살아 움직이는 것들은 결국 형체도 없이 흙으로 돌아가지만 죽음으로 멈춰서는 것이 아니라 다음 세대를 생산해내기 위해 준비를 하고 있는 것이리라. 무거운 태양빛을 이고 있었던 한 계절을 보내고 이제는 가야할 곳을 눈치챘는지 서로 아우성치며 떨어지는 빛바랜 잎사귀들. 푸름으로 만나 낙엽으로 헤어지는 이 가을을 바라보며 걷노라면 영혼 안

에는 아무것도 남지 않고 비어 있는 느낌이다. 그리고 푸르던 잎들은 탈색만 되어있을 뿐, 세월은 오는 것도 아니고 가는 것도 아니라는 것을 깨닫는다. 갈색으로 물들어가는 가을의 소리를 듣기 위해 귀를 기울여 보지만 들을 수가 없다. 계절의 소리는 오로지 영혼으로만 들을 수 있는 자연의 언어이다. 보내고 싶지 않는 계절이 점점 깊어간다고 아쉬워하며 "시간이 멈춰버렸으면 좋겠다."고 토사하지만 사실 시간이란 존재하지 않는 것이며, 인간이 만들어놓은 숫자에 불과한 비실재성이다. 현재나 미래를 숫자에 맞추어 편리한 생활을 추구하려는 양식일 뿐, 시간이란 그저 무한 속에서 균일하게 있을 뿐이다. 인간이 표기해 놓은 시간이란 화살이나 총탄처럼 한 방향으로만 날아가는 것이 아니며 우주의 시공간처럼 시작도 끝도 없고, 자체도, 본질도 없는 '없음'이다. 생명이 탄생하고 사라진다는 유한의 개념은 인간에게만 통용되는 것으로, 모든 생명들이 죽음을 향해간다고 절망하고 애통해하지만 사실 죽음과 탄생은 우주와 같이 동일한 영속성이다. 그리고 죽음은 새 생명을 탄생시킬 과정이다.

슬퍼하지 마라, 머지않아 밤이 오리니
그러면 우리는 창백한 들판 너머
싸늘한 달이 미소 지을 때
손과 손을 맞잡고 휴식하리니

슬퍼하지 마라, 멀지 않아 때가되리니
우리는 알게 되리라 우리의 십자가
훤한 길 섭위에 나란히 두개 서리라
그리고 바람 또한 불어오고 불어가리라

헤르만 헷세 -「방랑의 길에서」

죽음과 탄생의 영속성을 이해할 수 없다고 하더라도, 생물학적으로 육신이 살아있다는 것은 죽음을 향해가는 과정이라는 것은 인정해야 한다. 이 과정에서 우리가 존재하는 이유를 찾고 발견해야 하고, 매일같이 죽음이 다가오고 있다는 것을 깨달으며 살아가야한다. 죽음을 향해 가는 것이 육신이라면 정신은 우주와 같이 영원하다는 것도 알아야 한다. 죽음과 동행하며 살아가고 있다는 것을 스스로 규명하거나 이해하지 못하고 살아가는 것만큼 슬픈 일도 없다. 요즘 내 눈에는 닥쳐올 일들을 망각한 채, 안개와 바람처럼 실체도 없는 지위와 명예와 물질적 성공을 위해 앞만 보며 치닫는 사람들의 모습만 들어온다. 육신의 행복을 다 이루어놓고, 때가되어 죽음을 맞이하는 사람들에게는 지금까지 이루어놓은 것들이 무슨 의미가 있겠는가. 죽음 앞에 당도해서도 성공과 나에 대한 집착 때문에 아쉬움을 떨쳐버리지 못하는 사람들을 보면 가슴이 아프다. 아직은 활동할 수 있다며 떠날 준비를 하지 않는 오만한 백치들도 보인다. 죽음을 피할 수 없는 모든 인간은 종착역에 도달하는 날까지 삶의 가치인 나를 알아가야만 하고, 한편으로는 이웃과 더불어 살아가는 모습이 필요하다. 우리는 태어날 때 옷 한 벌 걸치지 않았고 죽어서는 아무 것도 소유할 수 없는 벌거숭이의 인생이다. 삶은 선택도 아니고 죽음은 포기도 아닌 그저 도도하게 흘러가는 자연의 원리에 속해 있는 한 부분에 불과할 뿐이라는 것을 우리는 잊어서는 안 된다. 죽음은 누구도 피할 수 없는 것, 죽는다는 것은 내가 영영 없어지는 것이 아니기에 내게 남아있는 생(生)도 아쉬움과 두려움에 발버둥 치는 것이 아니라 자연의 순리를 그대로 받아들이며 의연하게 살아가는 것이 현명한 방법이다. 빛바랜 낙엽에는 저마다 겪었던 삶의 이야기가 담겨있듯, 걸어오고 걸어가야 할 길을 떠올려본다. 자꾸만 계절 속으로 걸어가는 자신을 돌아보며, 다 비우고 죽는다는 것은 세상 어느 것하고도 비교할 수 없는 아름다움이라는 것을 깨닫는 하루다.

가을의 문턱에 서서

- 제행무상, 흙으로 돌아가는 인생 -

9월 중순, 미명에 집을 나서고 산책길에서 만난 바람은 제법 소슬하다. '연못가에 돋은 풀이 봄꿈에서 깨기도 전에 섬돌 앞 오동나무 잎 벌써 가을 소리로구나.'라는 주희의 '권학시'처럼, 엊그제만 해도 뜨거웠는데 세월은 벌써 가을을 몰고 왔다. 시간이 지나면서 태양은 점점 머리 위로 올라오고 이내 강렬한 햇살이 살갗을 뚫고 들어온다. 성하지절(盛夏之節)을 막 지나고, 아직 더위가 다 물러가지 않은 9월은 잔서지절(殘暑之節)이다. 폭염으로 상일(常日)하던 한 계절도 신이 정해 놓은 순환의 법칙을 따라 서서히 물러갈 채비를 하고 있다. '역사는 자연이 인간의 어리석음을 어떻게 지적하는지 거듭 보여준다'고 했던가. 끊임없이 자행되는 인간의 야만이 올 여름을 지글거리는 계절로 가변(可變)해 놓았다. 하지만 자비가 무궁하신 신은 이에 분노하지 않고 영겁부터 반복시켜온 궤도운동의 흔적을 따라 또다시 9월의 염량(炎涼)을 선사한다. 서서히 여물어가는 열매들, 그리고 기운이 쇠할까 염려한 신은 온전한 결실을 맺도록 낮에는 따가운 햇볕으로 밤에는 서늘한 바람과 이슬을 내려 식물을 격려 한다. 그리고 계절을 지배하는 완벽한 신은 끝물까지 작물을 세심히 관찰하면서.

꽃마다 열매가 되려합니다.
아침은 저녁이 되려합니다.
변화하고 없어지는 것 이외에는
영원한 것은 이 세상에 없습니다.
그토록 아름다운 여름까지도
가을이 되어 조락(凋落)을 느끼려 합니다.
나뭇잎이여, 바람이 그대를 유혹하거든
가만히 끈기 있게 매달려 있으십시오.
그대의 유희(遊戲)를 계속하고 거역(拒逆)하지 마십시오.
조용히 내버려 두십시오.
바람이 그대를 떨어뜨려서
집으로 불어가게 하십시오.

Hermann Hesse -「낙엽」

아직 만산(萬山)의 나무들은 녹색(綠色)으로 가득하지만 내달이면 홍색(紅色)으로 변해 있을 것이고, 집 정원에 주렁주렁하게 매달린 포도송이들도 이 달이 지나면 자색으로 충만할 것이다. 푸르던 잎새들도 염량의 절기가 지나면 황토색으로 변하고, 소슬한 추풍이 불어오면 누런 잎새는 갈 길을 잃고 이리저리 길 위에 구를 것이며 청천의 흰구름은 수염처럼 날릴 것이다. 가을은 초연하고, 돌아올 수 없는 길을 눈앞에 둔 잎새들은 아직은 의젓한 모습으로 매달려 있다. 이 계절이 가버리면 한 해를 기다려 한다는 생각에 별안간 마음이 울컥해진다. 해가 바뀌고 가을이 다시 찾아와도 변함없이 그 자리에 쌓이는 낙엽처럼, 반복되는 우리의 일상도 세월 따라 사라지는 것이 아니라 쌓여가는 시간의 상흔이라 생각해 본다. 아무리 뉘우치고 통곡을 해도 살아온 만큼이나 차곡차곡 쌓아 놓은 허물의 흔적을 지울 수는 없는 것. 살아온 시간은 공책 속에 낱낱이 기록된 고백의 일기장과 같고, 일거수일수족을 그대로 담아놓은 영상물과 같다. 시간은 상보적 반의로, 살아감의 행위를 낱낱이 밝히기도 하지만, 더불어 형체도 없고 흔적도 남기지 않는 덧없음이다. 결국 유전하고 있는 모든 생명은 시간의 흐름에 따라 사라지는 제행무상이다. '스스로 그렇게 있는' 자연과 어울려 유영하다 찰나의 불꽃처럼 허무하게 사라지는 인간. 옷깃을 흔들어 놓고 어디론가 사라지는 바람처럼, 오늘 하루가 흐르는 계절을 따라 허무하게 사라졌다는 아쉬움에 마음은 애달프기만 하다. 요즘 들어 밤이 되면 그리운 고향 동무들이나 동창들하고 SNS로 소통하는 일들이 부쩍 늘었다. 가식이나 허풍이 있는 대화보다는 후회가 동반된 대화가 전부다. 엊저녁에는 가깝게 지내던 몇 명의 고등학교 동창들이 모여 4시간이 넘는 동영상대화를 했다. 대화중에 "몇 년 전 대출보증을 해달라는 처남의 부탁을 거절했으면 지금은 여유 있게 생활하고 있을 텐데, 거절을 못한 것이 후회가 된다. 가끔씩 그 사건이 떠오를 때면 다시 화병이 돋는 것 같다. 지금까지도 그 고통을 감내하기가 너무 힘들지만 이제 와서 후회한들 무엇 하겠는가. 원망보다는 생활이 깨어지지 않도록 평정심을 찾아가려고 노력중이다"는 한 친구의 말. 또 다른 친구는 "아내가 떠난 지 3년째 된다. 살아있을 때 못해줘서 안타깝다. 날씨가 쌀쌀해지니 살아있을 때 아내의 모습이 무시로 떠오른다. 살만 해지니 암으로 떠나버린 아내가 안쓰럽고 미안한 마음이다"는 말. 그리고 듣기만 하던 또 다른 동창은 "하고 있는 사업이 신통치 않아 그럭저럭 목구멍에 풀칠만 하고 있다. 동생하고 동업을 선택했더라면 좋았을 것을 후회한들 무엇 하겠는가. 그래도 동생이 운영하는 회사가 계속해서 성장하니 위로가 되긴 한다." 등등 애로(隘路)가 담긴 말이 대부분이다. 강물은 거꾸로 흐르지 않고 또한 지나가버린 앞머리 바람은 다시 제자리로 돌아올 수 없는 것처럼, 돌이킬 수 없는 사건들인데 이제 와서 후회한들 무슨 소용이 있겠는가. 관조의 힘이 부족한 옛 시절은 삶과 미래에 대한 진지함이 없이 그저 흥미를 유발하는 가벼운 대화가 주를 이루었다면, 고희를 향해가는 지금은 점점 다가오는 멸(滅)의 시간에 대한 고

되와 어떻게 하면 아름답고 건강하게 살다 죽음을 맞이할 것인지가 최고의 주제다. 항상 젊을 것 같고, 그 젊음이 영원할 것 같지만 어느 날 갑자기 '죽음'이라는 종착점을 향해 질주하는 열차에 승차되었다는 것을 인지했을 때, "지금처럼 무의미하게 살다 무덤으로 간다면 이처럼 원통한 일이 어디 있겠는가!"라고 후회하는 것이 장년들의 인생이다. 나 또한 살아온 날들을 너무 헛되게 보냈다는 비애가 뼛속까지 파고든다. 그래서 성서는 "전도자가 이르되 헛되고 헛되며 헛되고 헛되니 모든 것이 헛되도다. 해 아래서 수고하는 모든 수고가 사람에게 무엇이 유익한가. 한 세대는 가고 한 세대는 오되 땅은 영원히 있도다. 해는 뜨고 해는 지되 그 떴던 곳으로 빨리 돌아가고 바람은 남에서 불어오다가 북으로 돌아가며 이리 돌며 저리 돌아 바람은 그 불던 곳으로 돌아가고 모든 강물은 다 바다로 흐르되 바다를 채우지 못하며 강물은 어느 곳으로 흐르든지 그리로 연하여 흐르느니라(전도서1:1-7)."라고 하지 않았는가. 지금은 한 계절의 문턱에 들어서고, 곧이어 만추가 될 것이지만 아직 숲은 연한 푸름이다. 우뚝 서 있는 나무들의 이파리는 곧 고엽이 되어 땅에 묻힐 것이 자명하듯, 인생 역시 흙으로 돌아가는 것은 순리이기에 살아있을 때 내가 누구이며, 삶의 의미가 무엇인지 조금이라도 이해해가면서 무덤으로 가기를 소망한다.

마른 잎

- 삶과 죽음은 하나(生死如一) -

아내 그리고 반려견과 함께 걷는 공원 오솔길엔 쓸쓸함을 이겨내지 못하고 숨져 있는 마른 잎들이 빈틈없이 쌓여 있다. 오솔길 옆에는 아직도 고개를 뻣뻣이 쳐들고 있는 갈대들이 만추의 바람에 춤을 추고 있다. 해수는 증발되고 남아 있는 소금결정체처럼, 잊으려 애써도 사라지지도 지워지지도 않는 우리들의 가을. 쓸쓸함이 바스락거리는 이 가을은 우리를 찾아온 것이 아니라, 외로움을 주체할 수 없어 우리가 영혼 심연에서 찾아낸 계절이다. 한껏 푸르던 시절이 그리워 아우성치는 낙엽, 아무도 없는 길 위로 나뒹구는 마른 잎들을 보니 을씨년스런 날씨만큼이나 마음이 꿀꿀하다. 가지는 앙상하고, 희미하게 푸른 빛깔이 남아 있는 잎새들은 아직 생이 끝나지 않았다고 숨을 헐떡이며 버티어 보지만 깊게 내려앉은 계절의 무게가 버거운

지 한 잎 두 잎, 자꾸만 떨어져 산책길을 막는다. 퇴색되어 길 위에 구르는 낙엽은 '종말'이며 '죽음'이란 간결한 단어로 우리에게 통용되지만 사실 생명이 사라지는 것이 아니다. 삶은 죽음을 위한 준비이고, 죽음은 새로운 생명을 탄생시키기 위한 준비이기에, 삶과 죽음의 관계는 상생(相生)이며 묘한 불가분의 관계라고 나름 유추해본다. 찬송가를 부르며 걷는 아내를 보다 문득 영의 존재와 비존재를 놓고 고민을 하던 청년시절이 떠오른다. 그 때는 보이지 않거나 경험으로 증명되지 않은 세계는 불확실하기에 믿을 수 없고, 보이고 경험으로 증명된 것만이 참이며 옳은 것이라고 인식하던 고집스런 시절이었다. 이런저런 생각을 하며 걷고 있는데 핏빛 단풍잎 하나가 어깨 위로 살포시 내려앉는다. 단풍잎을 짜증스럽게 쳐내면서 "삶에 무슨 애착이 있고 미련이 있기에 밤새 오돌 오돌 떨면서 버티다 이제야 떨어지느냐?"고 푸념한다. 하지만 곧바로 경솔한 실수임을 깨달는다. 나 역시 단풍같이 생명에 대한 애착이 강해 삶의 끈을 놓지 않으려 발버둥치고 있는 현재의 모습을 본다. 때마침 내가 무얼 중얼거렸는지 눈치챈 아내가 "세대를 잇기 위해 흙으로 돌아가는 것까지 쓸데없이 억지소리를 하느냐? 당신이 〈잎사귀 하나〉라는 카비르(Kabir)의 시를 읊고 난 뒤 사라져 없어질 것도 소홀히 해서는 안 되기에 사랑하라고 일장 연설을 한 것이 엊그제 이 오솔길인데……"하며 핀잔을 준다.

잎사귀 하나, 바람에 날려
가지에서 떨어지며
나무에게 말하네,
“숲의 왕이여, 이제 가을이 와
나는 떨어져
당신에게서 멀어지네.“

나무가 대답하네
“사랑하는 잎사귀여,
그것이 세상의 방식이라네
왔다가 가는 것.”

숨을 쉴 때마다
그대를 창조한 이의 이름을 기억하라,
그대 또한 언제 바람에 떨어질지 알 수 없으니,
모든 호흡마다 그 순간을 살라.

Kabir - 〈잎사귀 하나〉

우리는 현재라는 카테고리에 갇혀 살아있는 것만 인지할 뿐, 죽음처럼 살고 삶처럼 죽는 것을 깨닫지 못하고 있다. 인위적으로 생을 묶어 놓는다고 시간이 가지 않는 것도 아니고, 시간을 잡아 놓는다고 시계가 돌지 않는 것도 아니다. 그저 시간은 죽음과 탄생을 순환시키지만 인간의 언어처럼 시끄럽지도 않고 묵묵하게 돌아가는 것. 죽는다는 것이 허무하게 보일지라도 그

것은 죽음이 아니라 새롭게 생명을 이어 가기 위한 작업이며, 흔적 없이 사라지는 것이 아니라 부활을 위한 준비라는 것을 인지하자. 無(없음)는 有(있음)가 반드시 필요하고, 有(있음) 역시 無(없음)가 없이는 이루어지지 않는 것처럼 죽음과 삶, 삶과 죽음은 하나라는 것을 깨닫는다. 점점 어두워지는 하늘, 무심하게 지나가는 찬바람에 아가미 숨쉬듯 벌떡 벌떡거리는 오솔길의 고엽들을 보니 마음은 섧기만 하다. 어스름을 가로질러 급하게 달려오는 만추의 바람은 내 등을 떠밀고, 터벅터벅한 발걸음은 공원 끝으로 향한다.

Ⅵ

인생이란 무엇인가?

산다는 것은 선택이다

- 산다는 것과 믿는다는 것, 그 기로에 서서 -

거실에 흐트러져 있는 물건들을 정리하며 1970-80년대 유행했던 Pop Song을 듣는다. 70년대에 유행하던 Carpenters의 Yesterday Once More가 끝나더니 Debby Boone의 You Light Up My Life가 흘러나오고 이어 80년대에 유행했던 Harry Nilsson의 Without You와 Rod Stewart의 Sailing도 흘러나온다. 노래를 따라 부르면서 알 수 있는 것은 젊은 시절과 지금의 내 목소리는 상당히 다르다는 것. 그리고 젊었을 때는 리듬을 지금은 가사에 의미를 두고 부르기에 곡을 이해하는 깊이와 감정도 다르다. 노래가 끝나자 문득 활달하고 생생했던 청년시절이 떠오르고, 이제는 그림자가 되어버린 그 시절을 그리워하며 살아가는 인생이 되었다며 한 숨을 뿜어낸다. 청년시절은 어떤 마음을 가지고 어떻게 살아가야 한다는 목표도 없이 수많은 실수와 상처를 받으며 걸어왔지만, 그래도 그 시절을 그리워하는 것은 이런저런 추억들이 가슴에 송알송알 남아 있기 때문이다. 돌이켜보면 행복했던 사건 뿐 아니라 괴롭고 힘들었던 경험도 추억이라는 것을 깨닫는다. 누가 추억은 이미 정지되어버린 시간 속에 나타나는 그리움이라 했던가. 앳된 얼굴, 깨끗했던 목소리는 고단한 세월을 따라 하얀 그리움이 되어 아련히 사라지고, 이제는 애잔하게도 뒷방의 늙은이처럼 시도 때도 없이 은발을 긁적이며 살아가는 잉여인생이 되어버렸다. 고된 이민생활에 지쳐 살맛을 잃어버리거나 차 한잔 할 사람이 없어 애석함을 느낄 때, 서러운 감정으로 한 시절의 추억을 끄집어내어 마음을 달랜다. 예전 같은 활동이 없다 보니 사람들을 만날 기회가 적어지고, 더구나 먼 이국에 있어 그리운 사람들을 쉽게 만날 수가 없어 가슴이 답답하다. 병마와 싸우다 지쳐 영영 만날 수 없는 길로 떠났다는 벗들의 소식도 한국으로부터 자주 들려온다. 그리고 요즘은 살아온 과정에서 얻어진 가치관과 관심사가 이웃사람들과 다르기에 대화하기 싫은 것을 넘어 아예 마주치는 것 조차 기피한다. 솔직히 말하면 얻어지는 것도 없고 결론도 나지 않는 대화에 쓸데없이 시간과 에너지를 소비하기 싫어서다. 가끔씩 거리를 오가거나 산책을 하다 만나면 마지못해 그들의 이야기만 들어주는 쪽으로 취향이 바뀌었다. 사람과 소통할 수 있는 유일한 장소였던 교회도 설교가 식상하고 형식적인 언어들로 가득하다고 느껴 근간에는 출석도 안하고 인터넷에서 취향에 맞는 설교를 찾아 듣는다. 나이가 들어가다 보니 이래저래 사람들을 피할 핑계거리만 생기고, 육신과 마음이 넉넉하지 않아 방구석에 처박혀 있다 보니 소식을 주고받거나 만나는 사람들도 현저하게 줄어들었다. 현장에서 뿐 아니라 SNS에서도 다들 멀어지고 지금은 나를 아끼고 사랑해주는 사람들만 남았다. 오늘도 맹숭맹숭 나오는 말보다 누구에게나 용기를 주는 말만 하고 살자 다짐한다. 그리고 먼 훗날이 되어서도 나의 이미지는 성냄도 미움도 탐욕도 없이 사람을 사랑하던 사람, 하는 행동마다 천박하지 않고 상대를 배려할 줄 아는 우아하고 기품이 있는 사람으로 기억되도록 아름답게 살다 생을 마감하자고 두 주먹을 불끈 쥔다. 모순당착(矛盾撞着)이라고 했던가. 아름다운 모습을 보이며 살아가자고 굳게 결심 했건만 한 시간도 안돼 아내에게 "마른 낙엽 뒹굴듯 개털이 거실에 돌아다니는 걸 보니 아침에 청소를 안 한거네. 누워있지만 말고 청소 좀 해"하며 구박을 한다. 그리고 말이 끝나자마자 곧바로 아내에게 감정이 담긴 언사에 후회를 한다. 내 곁에 있는 것들 모두가 소중하고 아름다운 것임에도 불구하고 아직도 감정을 다스릴 수 없다며 실망하고, 돌아서면 또 다시 실수를 반복하는 후회의 연속이다. 이래도 아프고 저래도 마음이 아픈 요즘은 산다는 것 자체가 괴로움을 동반한 연단이고 고행이다. 주위에 있는 것들의 소중함을 깨달아야 하는데 아직도 내 중심의 이기적인 사고 때문에 사람들이 불편을 느끼는 것에 가슴이 아프다. 토라져 있는 아내의 마음을 달래 주려 아메리카노 커피를 사가지고 오는데 건너에 사는 Fred라는 Jewish 할아버지를 만났다. 반가운 모습으로 "한 동안 안보이던데 여행 갔다 왔느냐?"고 먼저 입을 연다. "장모가 아파서 잠시 한국에 갔다 왔고, 지금은 글을 정리하고 있어서 나도 당신을 볼 수 없었다. 어떻게 지냈냐?"했더니, 그럭저럭 잘 지내고 있다며 "할로윈 축제 때 큰 사고가 있었는데 어찌된 거냐? 참으로 안타깝다"고 위로한다. 고등학교 과학 교사였던 Fred는 은퇴이후에도 부족함이 없이 생활하는 전형적인 미국의 중산층이다. 이런저런 이야기를 하다가 성탄절이 며칠 남지 않아서인지 대뜸 나에게 기독교인이냐고 물어온다. 성탄절엔 교회에 갈 거라고 대답하고, 이어 그에게 어느 회당(Synagogue)에 나가느냐고 물었더니 자기는 무신론자라고 말한다. 깜짝 놀라 정말이냐고 물었더니, "그렇다. 왜 농담을 하겠느냐. 땅에서도 우주 공간에서도 아무리 찾아봐야 신은 없다. 신이 존재한다면 이런 부조리한 세상을 방관만 하고 있겠느냐? 신과 종교는 인간이 만들어 놓은 허구의 산물에 불과하다. 회당도 그저 물질을 숭배하는 집단일 뿐이다."고 말한다. 하나님의 존재를 믿지 않는 유대인들이 예상보다 상당히 많지만 Fred도 그런 부류 중 한 사람이라는 것에 내심 놀랐다. 그의 말을 들은 후 "영혼으로 보라. 신은 우리 마음속에도 계시고, 창조하신 자연 안에도 계신다. 당신의 마음을 열면 항상 만날 수 있고 볼 수 있는 분"이라는 말을 했더니, "Jewish의 혈육을 이어 받은 두 아들도 신의 존재를 안 믿는다. 그리고 아내와 사별하고 재혼한 지금의 아내도 Jewish인데 신을 안 믿는다."고 한다. 부연으로 "두 아들이나 아내에게 강요가 아닌 그들 스스로 결정한 것이다. 신의 존재에 대해 나로부터 언질이나 영향 받은 것은 없다."는 말을 하며 미국인들이 중요시 하는 사생활까지도 들춰낸다. 안타까운 마음으로 "82세면 생이 얼마 남지 않았는데, 당신의 조상 아브라함과 이삭과 야곱이 섬겼던 하나님의 존재를 정말로 부정하며 살아갈 거냐?"는 말을 재차 했더니, "모세오경은 역사서일 뿐 구원이라는 단어는 없다. 그리고 그 인물들이 허구인지도 모른다"고 대답한다. "만물은 시간에 따라 계속 변하기에 고정불변한 것이 없듯, 인간의 정체성 또한 고정되지 않고 시간에 따라 변화하는 것이기에 Fred 당신이 옳다고 믿는 무신론도 바뀌었으면 좋겠다"는 마음을 전하고 헤어졌다. 요즘은 신의 존재개념에 얽매이지 않고 이성의 지시에 따라 자유롭게 살아가는 사람이 허다하다. 그들에겐 오로지 과학과 물질과 명예가 최고의 신일 뿐이다. 이렇게 신 없이도 사는 세상이 된 것은 과학의 목표인 문질문명이 이루어 낸 결과이다. 과학은 신비로운 정신적 공간이라고 믿고 있던 것들을 하나 둘 씩 반증해냈다. 그 결과 신은 아예 존재하지도 않는다는 무신론자들이나 초경험적인 것의 존재나 본질은 인식 불가능하다고 옹호하는 불가지론자들이 넘쳐나게 된 것이다. 이런 무신론이나 불가지론의 문화가 사회전반에 넘실거리는 것은, 과학에 대항해 영적 지평을 넓혀가야 할 교회가 아예 물질로 점령당했기에 어떠한 역할도 해낼 수 없는 것이다. 정확히 말하면 새로운 대안을 제시할 수 없는 지금의 기독교는 문화의 악세사리가 되었다는 뜻이다. 솔직히 설교나 신학이 우리의 이성보다 못하다고 느낄 정도로 현대인은 성숙해졌고 또한 과거처럼 맹목적이지 않다. 인간은 애매모호함이나 불확실한 것을 싫어하고 예측 가능한 것을 좋아한다지만, 스스로 신을 볼 수도 느낄 수도 없기에 존재하지 않는다고 단정하는 것은 역으로 비과학적이고 자기기만에 매여 살아가는 노예로 보여 질 뿐이라는 것이 나의 견해이다. 신은 없다 혹은 신은 인식하기 불가능하다고 말하는 사람들과 달리 나는 신이 존재한다고 믿기에 종교생활을 선택했고 그것에 대한 미련이나 후회는 전혀 없다. 나에겐 지금의 생활이 흡족한 것은 과거의 실수로 얻어진 것들을 자양분으로 삼아 재빠르게 옛길을 버리고 과감히 새로운 길을 선택한 결과이다. 산다는 것은 매순간 선택의 기로에 서있다는 것이고, 그 선택은 창조적인 삶이 될 수도 있지만 때로는 파멸로 몰고 가기도 한다. 지금 가고 있는 길이 내 인생의 해답이라면 그 길을 가되 미련이나 후회가 없어야 한다. 선택은 너무 잔혹해서 때로는 뼈에 사무칠 만한 한 맺힘이 될 수도 있는 것. 선택은 인생에 빛이 될 수도 있지만 한편으론 어둠이 따라다닐 수도 있기에 신중에 신중을 기해야 하는 것이다. 선택한 길이 잘못됐다고 판단될 경우 우회하거나 선회할 수 있는 기회는 오로지 한 가지, 자신의 오판을 확실하게 깨닫고 새로운 인생으로 거듭나겠다고 다짐할 때이다. Fred와 대화를 통해서 산다는 것은 매순간 선택의 기로에 서있는 것이고, 선택이 끝나자마자 여분의 삶이 결정된다는 것을 알았다. 선택이 인생에 미치는 생각을 하다 보니 이래저래 시간은 흘러가고, 반려견과 함께 산책하는 거리에 기울어가는 겨울 태양이 붉은 노을을 선사한다. 아름다운 겨울 오후의 풍경을 보며, Fred 삶에도 아름다운 노을이 물들어 가기를 소망한다.

인생이란 홀로 가는 것

- 또 하나의 나를 찾아서 -

몇 해 전 중국 우한에서 시작된 코로나 바이러스가 급속도로 전 세계를 덮치고, 세계 경제와 문화의 중심지인 뉴욕 역시 여느 도시처럼 비껴갈 수 없었다. 코로나 바이러스가 한창 극성을 부리던 그해 8월초, 독립해 나가 있었던 작은 아이로부터 전화가 왔다. 모자(母子)가 주고받는 통화에 귀를 기우려보니 역병이 잦아들 때까지 재택근무를 해야 한다. 감염방지 뿐 아니라, 서로 지출을 줄이기 위해 도시외곽에다 주택을 얻어 합사하자는 내용이었다. 결혼 적령기를 넘어선 아이들과 함께 산다는 것이 나로서는 달갑지 않았다. 내 얼굴은 일그러져 가지만 아내는 통화 내내 입이 귀에 걸려있다. 통화를 마무리할 쯤 "네가 독립해 나간 그날부터 밥이나 제대로 찾아먹고 다니는지, 세탁은 제대로 하는지, 어디 아프지는 않는지 한 시(時)가 멀다하지 않고 걱정했는데 합사하자니 엄마는 너무 기쁘다. 어쨌든 형하고 상의해서 들어오겠다는 날짜만 정해줘. 그래야 부동산중개인에게 언제까지 들어갈 수 있게 해달라고 부탁하지. 집 얻는 것은 엄마에게 맡기고 일이나 열심히 해."라는 말을 끝으로 긴 통화를 마친다. 합사에 대해 남편의 의사를 물어보려고도 하지 않은 채, 아내가 일방적으로 결정해 버린 것이다. 남편을 제쳐두고 가정의 주도권이 자신에게 있는 것처럼 착각한 아내의 행동에 화가 치밀어 거친 말을 쏟아낸다. "왜 나에게 상의도 없이 이 자리에서 결정을 해? 애들이 주거비를 부담해준다고 하니 좋아죽겠어? 합사는 안 된다고 애들의 요구를 거절하지 않고 오히려 엄마가 합사하자고 더 부추기고 있으니 문제다 문제. 여자 친구가 없거나 가정을 꾸리지 않으면 소년처럼 독립성이 없이 사는 것이 남자들이야. 결혼적령기를 넘어선 아이들을 엄마가 품으려 하니 참으로 한심하다."며 목소리를 높였다. 한바탕 아내와 소동이 있고 난 다음, 며칠에 걸쳐 아버지와 관계가 원만하지 못한 큰 아들과 합사하게 되면 서로 생활에 어떤 영향을 줄지 며칠을 고민을 하게 되었다. 항상 강한 어조와 상대를 의식하지 않고 자유분방하게 생활하는 아버지에게 부대끼며 학창시절을 보냈던 아이들의 실망감이 아직도 더덕더덕 맺혀 있다는 것을 인지하고 있기에 합사생활이 순탄하지 못할 것이라는 예감이 들었다. 만약 같이 살다가 상황이 나빠지면 오히려 내가 분가를 해야겠다는 결심을 하였다. 아니나 다를까 이

사하던 당일, 거실에 배치할 가구와 용품의 위치선정에 대한 의견차이로 서로 갈등을 빚고, 이에 반발하는 큰 아들이 가구를 옮기다 말고 대뜸 "아빠, 이 집은 동생하고 내가 협력해서 얻은 집이니 우리가 원하는 대로 해주면 안 되겠느냐?"는 말을 던진다. 말이 떨어지자마자 아버지를 무시한다는 강한 느낌에 예전처럼 감정을 제어하지 못하고 울컥한다. 가족구성원을 각기 분리된 인격체로 이해하며 개인의 인격이나 의견 그리고 사생활을 중요시하는 아이들하고, 가장인 아버지가 지도하며 가정을 이끌어가야 한다는 전통적 사고로 인해 또다시 뜻을 합치하지 못하고 평행선을 달린다. 부모와 자녀사이의 갈등은 한인사회에서도 흔한 일이기에 대수롭지 않게 받아들일 수 있다. 하지만 가장의 권위가 추락되었다는 분노에 더 이상 한 곳에서 모여 생활해서는 안 된다는 판단에 즉시 부동산 광고에 나온 집을 찾아 계약하고 아들집을 떠나려던 때, 남편을 옹호하고 동행할 줄 알았던 아내가 아이들과 같이 생활하기로 결정했다며 단호하게 거부한다. 순간 정신이 몽롱해지고 결국 홀로 떠날 수밖에 없다는 서러움과 아내 없이 생활해야 한다는 두려움이 뒤섞여 몰려온다. 떠나는 날, 아내는 고집불통인 내 성격을 알고 있지만 그래도 며칠 후엔 눈 녹듯 화가 풀어질 것이고, 다시 가족의 품으로 돌아올 것이라는 판단을 했던 것 같다. 몇 장의 달력이 뜯겨나가는 사이 계절은 가을에서 봄으로 바뀌었다. 6개월 사이에 삭이지 못하고 있던 울분과 버림받았다는 서러움은 사라지고, 이내 삶이란 고통과 지루함과 외로움이 동반되지만 혼자이기에 오히려 자유롭고 편안하다는 것을 깨닫는다. 사소한 것까지 아내에게 의존하며 살아왔기에 홀로 떨어져 생활한다는 것이 여간 불편한 것은 아니지만 한 편으로는 조용한 시간이 지속되다보니 잃어버렸던 나를 제대로 볼 수 있어 행복하다. 인생이란 늘어진 길을 홀로 가는 것이고, 돌아올 수 없는 길을 정처 없이 가는 것이다. 그리고 여행도중 홀연히 사라질 거라는 두려움이 영혼을 관통하고 이내 눈물이 앞을 가린다. 나이가 들어갈수록 외로움이나 그리움으로 인해 눈물을 흘리기보다는 점점 당도해가는 세상과의 이별에 두려움을 느껴 눈물을 흘린다. 살아간다는 것은 어제의 행복보다는 오늘이라는 고뇌를 만나 괴로워하고, 내일은 무거운 고뇌가 한 단 더 높이 쌓여가는 것이다. 쌓이다가 높이와 중량을 넘어서면 종국에는 '없음'의 원점으로 돌아가는 것이 인생사이다. 오고가는 세월에 사라지는 것만 있을 뿐, 결국 우리 곁에는 아무 것도 남지 않는다. 수많은 낙담과 갈등과 고뇌와 고통 속에서 살아가는 것이 인생이고, 더불어 죽음에 이를 때까지 이 어려움을 대신해줄 수 있는 이는 없다. 사랑하는 가족도 정을 나누는 친구도 동행자일 수 없다. 인생이란 홀로 가는 것이지만 단연코 홀로는 아니며, 그 홀로 안에 또 하나의 내가 있다. 또 하나의 나는 스스로를 사랑하고 응원하며 나는 누구인가를 느끼고 깨닫게 하는 정신이며 영혼이다. 오늘도 나는 종착역을 향해 하염없이 홀로 걷고 있지만 또 하나의 나를 찾아나서는 길이다. "세계는 그대가 원하는 대로 세상에 머물러 있다"라고 마르틴 부버(Martin Buber)가 말했던가. 인생과 세계는 객관적으로 존재하는 것이 아니라, 내가 바라보고 해석하는 대로 내 앞에 나타나는 주관성이기에 내 스스로 어떻게 인식하는가에 달렸다는 것을 깨닫는다. 그리고 문득 몇 달 전 노트에 적어 놓은 한 시가 떠올라 들춰본다.

빈 들판에 홀로 가는 사람이 있었습니다.
때로는 동행도 친구도 있었지만
끝내는 홀로 되어
먼 길을 갔습니다.

어디로 그가 가는지 아무도 몰랐습니다.
이따금 멈춰 서서 뒤를 돌아보아도
아무도 말을 걸지 않았습니다.
그는 늘 홀로였기에

어느 날 들판에 그가 보이지 않았을 때도
사람들은 그가 홀로 가고 있다고 믿었습니다.
없어도 변하지 않는 세상
모두가 홀로였습니다.

유자효 -「홀로 가는 길」

타인들의 시각에서는 가족으로부터 버림받은 내가 외로워 보이지만 나는 외롭지 않다. 단지 그들의 판단이나 통찰에는 내가 외롭게 보일 뿐이다. 느지막하게 가족이라는 속박에서 벗어난 내 눈에는 세상은 아름답게 보이고 내 자신은 자유를 만끽하고 있다. 못 배워서 무식한 것이 아니라 무식하기에 배우려 하지 않으려 하듯, 인식의 패러다임(Paradigm)은 본인의 행과 불행이 갈라놓은 검(劍)과 같은 것이다.

서로 기대어 살아가는 인연(因緣)

- 순리에 맡기며 살기 -

오랜만에 오수에 젖어 있던 시간, 서벅서벅 소리를 내며 쏟아지는 봄비에 눈이 떠진다. 이어 YouTube에서 흘러나오는 교회 주일예배 설교를 듣는다. 서로 사랑하며 살아가자는 내용의 설교를 듣다 문득 얼마 전에 읽었던 〈서로 기대어 살아가는 인연〉이라는 글이 떠오른다.

인간인 우리는 많은 사물과 자연에
기대어 살아갑니다.
우울한 날에는 하늘에 기대고,
슬픈 날에는 가로등에 기댑니다.
기쁜 날에는 나무에 기대고,
부푼 날에는 별에 기댑니다.
사랑하면 꽃에 기대고,
이별하면 달에 기댑니다.

우리가 기대고 사는 것이
어디 사물과 자연 뿐이겠습니까.
일상생활에서 우리는 수많은 사람들에
기대어 살아갑니다.
내가 건네는 인사는 타인을 향한 것이고,
내가 사랑하는 사람도 나 아닌 타인입니다.
나를 울게 하는 사람도 타인,
나를 웃게 하는 사람도 타인입니다.
사람이 사람에게 비스듬히
기댄다는 것은 그의 마음에
내 마음이 스며드는 일입니다.
그가 슬프면 내 마음에도
슬픔이 번지고, 그가 웃으면
내 마음에도 기쁨이 퍼집니다.
서로서로 기대고 산다는 것,
그것이 바로 인연이겠지요.
그 인연의 언덕은 어느 날은 흐리고
어느 날은 맑게 갤 겁니다.
흐리면 흐린 대로,
개면 갠 대로
그에게 위로가 되고, 기쁨이 되어 주는 것….
그것이 서로 기대고 살아가는
인연의 덕목이겠지요.

송정림-〈서로 기대어 살아가는 인연〉

불교에서는 우주에 존재하는 모든 사물은 인연에 의해 생멸한다. 만물은 주관과 객관이 하나가 된 동시적관계 인(因)과 원인이 있으면 결과가 있다는 의존관계를 연(緣)이라고 말한다. 인은 직접적인 원인이지만 연은 인과 협동하여 결과를 보여주는 간접적인 원인이라고 설명할 수 있다. 인이 없으면 결과가 없고, 인이 있어도 연을 만나지 못하면 역시 결과가 없는 것이다. 결과가 있다는 것은 인과 연이 하나가 되었다는 뜻이다. 인연이 없다는 뜻은 옥토에 최상급의 씨앗을 파종했지만 기온이나 비 같은 자연현상의 뒷받침이 없다면 수확이라는 결과물이 없다는 것으로, 여기에서 씨앗의 파종은 인이고, 자연현상은 연이다. 그러기에 인이란 직접적인 것이고, 연은 외적이고 간접적인데 상호의 힘이 작용해야만 인연이 되는 것이다. 인간이 오감이나 지혜를 동원해서 알게 되던, 혹은 무감각하거나 명철이 부족해서 이해가 불가능하든 끊임없이 운동하는 우주만물은 인과 연으로 성립되어 있다. 생활에서도 주연인 '나'라는 인과 조연인 '주변 사람들'의 연으로 이루어져 있고, 만나서 서로 관계를 이루면 인연이라고 한다. 인연은 오래가기도 하지만 가끔은 그렇지 못한 경우도 있다. 그렇지 못한 경우의 예는 풋풋하고 혈기가 넘치는 남녀가 서로의 문제점을 상세하게 관찰하지 않고 뜨겁게 사랑하다 결혼하기에 이르게 되는 경우이다. 하지만 시간이 흐르면서 사랑하던 마음도 점점 식어지고 상대의 단점만 눈에 보인다. 실망이 쌓이고 쌓여 결국은 헤어짐으로 연을 끊어버리는 비정한 모습이다. 이처럼 눈에 콩깍지가 낀 연애시절에는 서로를 위하고 부족한 점을 배려해주던 아량과 달리, 결혼해 솥단지를 올리자마자 소소한 것에도 각자가 양보할 수 없다는 이기심이 팽배해져 서로의 연이 끊어지는 경우가 허다하다. 가난한 나라가 아닌 유물론에 근거를 둔 부유한 자본주의 나라에서, 그리고 경제성장에 의해 사회변화가 빠른 신흥국에서 쉽게 인연을 맺고 또한 쉽게 연이 끊어지는 경우가 비일비재하다. 인은 있지만 연은 중요시하지 않는 우리의 현실을 보면 가슴이 아프다. 옷자락만 스쳐도 인연이며, 오는 인연은 막지 못하고 가는 연은 잡지 못한다. 찾아오는 연은 우연이지만 노력함으로 유지되는 것이 인지상정이다. 그 노력이 인과 연이 상호 하나가 되는 '관계의 끈'이다. 인연이란 위대하거나 화려하지도 않으며 자유스러운 것이 아니기에 우리는 선택하거나 거부할 수도 없다. 눈을 뜨면 우리가 자연스럽게 맞이하는 날도 인연이며, 하루를 시작하고 끝나는 시간도 인연이며, 사람들을 만나는 것도 인연이다. 누구나 살아있을 동안 만남과 이별이 수없이 교차하고 반복하는 인연의 수레바퀴에서 벗어날 수 없다. 좋고 나쁜 것이란 없고 그저 이 모든 것이 나에게 다가오는 것임에도 불구하고, 오로지 행운과 함께 아름답게 기억될 만한 사건들이 조우되기를 소망하는 사람들이 넘쳐나는 현실이 안타까울 뿐이다. 인연으로 인해 발생하는 결과, 즉 인과(因果)는 시간적 관계만 의미하는 것뿐이 아니다. 나에게 좋은

것이든 힘든 것이든 시간과 함께 상호의존관계로 나타나는 것이지만, 오로지 좋은 결과만을 원하는 것은 자연의 섭리를 이해하지 못하는 사욕의 본성 때문이다. '없음'이라는 것을 깨닫지 못하고 현재보다 나은 '무엇'을 기대하며 연을 맺으려 하기에 결국에는 그 연으로 인해 가슴 아파하고 슬퍼하는 것이다. 하지만 인연은 선택할 수도 없고, 인과 역시 피할 수 없는 것. 나를 속이거나 음해하고 상처를 주더라도 맺어진 인연을 원망하거나 증오하거나 미워하지도 말고, 그저 바람이 내 몸을 스쳐가듯 있는 그대로를 받아들이며 살아가야 한다. 꽃 피는 봄이 가면 낙엽 지는 가을이 오고, 녹음 짙은 여름가면 반드시 하얀 겨울을 맞이해야 하듯, 살아가는 인생에겐 불쾌한 인연도 환희를 몰고 오는 인연도 당연한 것이다. 인연을 기대하거나 마음에 두지 말고 그저 도도히 흘러가는 강물처럼 순리에 맡기며 살아가자 다짐하며, 오늘도 인과 연으로 가득한 하늘 아래 바람 따라 푸른 갈대가 늘어선 호숫가를 걷는다.

인생은 과정이다

- 실재하는 모든 것은 과정속에 있다 -

YouTube를 뒤적이고, 한 때 유명했던 여가수의 노래 제목이 화면 맨 위에 떠있다. 1970년대 말 전방에서 군복무를 하던 시기에 디스코 풍이었던 〈제3한강교〉라는 노래가 나와 삽시간에 대박을 쳤던 기억이 있다. 당시 신곡이었던 이 노래는 군인들의 회식자리에도 빠지지 않았고, 위문공연 때는 이 여가수가 직접 나와 부르기도 했다. 1970년대는 디스코와 발라드풍이 전 세계적으로 센세이션을 일으킨 때였다. 그 예가 John Travolta가 주연했던 영화 〈Saturday Night Fever〉의 soundtrack인 〈How Deep is Your Love〉는 디스코풍으로 빌보드 차트에서 17주 동안 10위 안에 들어 있을 정도로 엄청난 인기가 있었다. 혈기 왕성했던 그때의 추억이 되살아나 거침없이 재생을 누르고, 반주가 시작되자마자 심호흡에 이어 헛기침을 하고 따라 부른다.

강물은 흘러갑니다.
제3한강교 밑을
당신과 나의 꿈을
싣고서 마음을 싣고서
젊음은 피어나는
꽃처럼 이 밤을 맴돌다가
새처럼 바람처럼
물처럼 흘러만 갑니다.
어제 다시 만나서 다짐을 하고
우리들은 맹세를 하였습니다.
이 밤이 새며는 첫차를 타고
행복어린 거리로 떠나갈거예요
오오 뚜룻뚜룻뚜~~ 하!
강물은 흘러갑니다.
제3한강교 밑을
바다로 쉬지 않고
바다로 흘러만 갑니다.

혜은이 -「제3한강교」

가사의 내용처럼 강물은 쉬지 않고 어디론가 흘러가듯, 시간은 미지의 공간을 향해 계속해서 흘러간다. 갓난아이가 성장해 후손을 생산해내고 종국에는 쇠하듯, 자연 속에 존재하는 우리 인생은 계속적으로 변화의 과정을 거치며 어디론가 흘러가고 있다. 나 역시 후손의 미래를 보장하기 위해 앞만 보고 달리다가 어느새 늙어버렸다는 것을 깨닫게 되고, 나에게 남은 건 오로지 죽음뿐이라며 허무를 되뇐다. 그래서 공자는 세월을 '흘러가는 것은 시냇물과도 같다. 밤낮으로 흘러가면서 잠시도 쉬지 않는다'는 말을 했다. 그레이엄 수(Graham's number 數)와 같은 영원에서 영원으로 이어지는 우주의 역사, 그에 반해 우주에 머물고 있는 우리의 인생은 찰나보다 더 짧다. 우주만물은 탄생과 사멸의 원리가 반복해서 이루어지듯, 지구도 언젠가는 흙먼지가 될 것이고 시간이 지나면 떠도는 다른 먼지와 조합해 새로운 별로 태어날 것이다. 우주안에 존재하는 사물들은 탄생하고 사멸하지만, 사멸이 아니라 다시 원자들이 합체하여 새로운 별들을 탄생시키기 위한 운동이며 준비과정이다. 거리나 시간이나 공간에 상관없이 실재(實在)하는 유기체는 한 번에 끝나지 않고 생성과 소멸을 반복하는 과정(過程/process)을 통해 새로운 질서와 목적을 창조해낸다. 고대 희랍의 철학자 아낙사고라스(Anaxagoras)가 만물존재의 법칙에서의 과정은 "우주 안에 존재하는 모든 것은 질서를 따라 소멸과 생성을 반복하며 변화하는 것은 원자와 그 원자들의 운동 때문이다. 실재하는 것들에게 나타나는 과정의 근원(arche)은 원자의 활동이며, 우주는 원자가 활동할 수 있는 창조적인 공간(空間)이기에 계속해서 운동을 한다. 새로운 것을 탄생시키고 오래된 것들은 분해해 소멸시키지만 자체가 없어지는 것은 아니다. 물질보존의 법칙에 의해 변형이라는 과정만 있을 뿐, 근본적으로는 변한 것은 없으며 영원무궁토록 불변하지 않을 것이다."라는 말을 했다. 그의 논리를 생명체에 연결시켜본다면, "육신이 죽으면 원자나 원소들의 결집이 해체되지만 역시 물질 보존의 법칙에 의해 육신을 구성했던 원자나 원소들의 자체가 사라지거나 소멸되는 것이 아니라 잔존하고 응집되어 새로운 생명을 탄생시킨다."는 말로 정리할 수 있다. Anaxagoras의 철학적 논리는 만물은 순환하면서 영원히 흐른다는 우주의 생성과 소멸과정을 나타내 보이지만, 영혼을 무시한 일원론에 가깝다. 그리고 작용인을 수반하는 거시적 과정(이행공간)과 목적인을 수반하는 미시적 과정(합생공간)에 대한 자연관을 통해 심신(心身)이원론을 극복하려고 시도했던 화이트헤드(Whitehead)의 과정철학은 현대철학의 정점에 올라섰지만 일부는 수긍할 수 없다. 시간의 과정 속에서 만물의 생성과 소멸이 무한 반복해서 일어난다는 주장에는 공감하지만, 생명의 종말과 더불어 정신세계가 사라진다는 논지(論旨)의 변증은 구체적이지 못하다. 모든 사람이 하나의 과정이 되어 경험하는 동안만 존재하고 소멸하며, 실재의 근본은 실체가 아닌 과정으로 보는 Whitehead의 철학에 찬사를 보내고 싶다. 마태복음 5장을 보면 예수는 갈릴리의 산상에 올라서자마자 하늘나라를 사모하는 군중을 향해 '심령이 가난한 자는 복이 있나니 천국이 저희 것임이요'라고 설파하는 장면이 나온다. 왜 예수는 가장 먼저 '심령'이라는 말을 던졌을까. 그것은 마음을 비워야만 천국을 볼 수 있다는 과정을 나타낸 것이다. 그리고 '올라갈 때는

그가 나이더니 내려올 때 내가 그이더라'라는 말이 있다. 이 말은 '나'는 소멸되어 존재하지 않고 인식과 의식과 지각이 무(無)가 되어야 '나'안에서 우주만물이 나타나는 것이다. 부연하면 우주만물의 본체가 '나'이고 원인과 초원인의 모두가 '나'이기 때문에 '나'가 소멸된 후에 다시 '나'로 돌아온 '나'는 세상을 볼 때 우주와 만물인 '너'와 '나'가 이 '나'임을 알고, 이것들 모두가 '나'로 나타나 있음을 안다는 과정의 내용이다. 그것은 마치 승용차를 운전하며 달리고 있는 '나'와 스쳐지나가는 풍경과 같다. 강과 산과 사막과 들판 등 여러 풍경이 계속해서 달리는 차창 너머로 스쳐가지만 '나'는 이전처럼 여전하게 승용차의 핸들을 잡고 운전하고 있다는 것으로, 일체의 작용은 곧 '나'라는 뜻이다. 존재의 영역은 환상과 같고, 실존의 영역에는 실체가 존재하는데 그것이 '나'이며, 편견의 관점으로 둘러싸여 있는 '나'를 허물어버리고, '나'가 없이 세상만물을 바라볼 때 우주의 이치가 곧 '나'라는 것을 깨달을 수 있다는 과정을 말하고 있다. 마치 '나'라는 있음(有)을 버리고 '나'라는 없음(無)으로 공생애의 길을 갔던 예수가 우주와 만물의 본질이 '나'라는 것을 깨달았기에 "나는 하나님의 독생자"라고 외쳤던 과정과 같다. 탈 차원이 되어야 탄생과 과정, 소멸이 응축되어 있는 우주만물의 원리와 비록 육신은 시들어져 없어지지만 '나'와 그것이 하나가 되어 '나'가 영원으로 이어질 수 있다는 것을 예수는 생의 과정과 부활로 나타내 보였다. 그의 부활은 현실적 존재가 소멸된다고 해서 무(無 nothing)가 되는 것이 아니라, 그 소멸은 타자의 생성을 위해 객체화되는 과정이다. 한마디로 일상의 차원에서 발생하는 인식수단을 초월하려면 스스로를 소멸시켜야 하고, 이후 새로운 인식을 발현시키면 신과 우주를 이해할 수 있는 경지에 도달한다는 뜻이다. 어쨌든 이치에 대한 본질을 각성하기까지는 예수도 필연적으로 경험이라는 과정이 필요했다. 우리는 삶의 결과를 미리 예상하지 말고 과정이라는 실재에 응시하며 살아가야 한다. '신'과 '나'의 관계는 과정을 통해서 이해되는 것이기에, '신'의 존재를 알려면 나의 내면의 변화과정을 봐야 한다. 그리고 물질문명이 발전한 현시대는 인생은 과정이 아닌 완성이라는 결과로 판단한다. 최선을 다하며 질주한 선수들의 수고에는 관심이 없고 오직 성적에만 집착하는 관중들처럼, 수험생들의 노력이 담겨 있는 과정을 무시하고 점수에만 집중하는 부모처럼, 많은 사람들이 결과에만 관심이 있을 뿐 과정은 무시한다. 이런 모습은 애당초 과정에 대한 이해가 없고 득과 실이라는 결과에만 집중하는 파랑새 증후군을 갖고 있기에 그렇다. 실재(實在)하는 것 자체는 모두 다 과정 속에 있다는 것을 기억해야 한다. 각자에게 주어진 시간은 자신을 찾아가는 과정이다. 또한 인간은 생(生)의 과정 속에 있을 뿐, 완성을 하고 떠난 사람은 없다. 결국 우주만물도 인생도 완성은 없고 오로지 변화과정의 자체일 뿐이다.

눈물

- 야누스의 두 얼굴 -

아침부터 거침없이 쏟아 붓는 햇살에 온 대지가 뜨겁게 달구어지고, 정오가 넘어서자 도로에 쇳물을 부어놓은 듯 열기가 오글거린다. 더위를 피해 꼭꼭 숨어버린 사람들, 듬성듬성 보여야 할 행인들조차 없는 허전한 거리의 풍경은 마치 늦가을만큼이나 쓸쓸하다. 약속된 진료시간보다 늦게 도착하니 대기실은 텅 비어 있고 접수담당자도 간호사도 보이지 않는다. 대기실 벽에 걸려 있는 Cable TV에서 한국 드라마가 방영되고, 무슨 연유인지 여자 탤런트의 얼굴에 두 줄기 눈물이 흘러내린다. 지금껏 살아오면서 시청했던 한국드라마는 박범신 원작의 '불의 나라'와 '물의 나라', 김성동이 마타 하리를 모티브로 했던 '여명의 눈동자', 마지막으로 '야인시대' 외에는 없다. 애정드라마에 흥미가 없었던 것은 인간의 본질과 심성을 알아내고, 인생이

어떤 길을 가야하는지 제시해주는 문학과 달리, 불륜을 소재로 허접함, 가벼움, 고리타분함, 그리고 원초적 성(性)본능을 자극하는 천박한 모습에 감동을 느끼지 못했기 때문이다. 예나 지금이나 드라마는 100% 거부하며, 대신 You Tube에 올라온 역사, 철학, 정치, 경제, 과학, 시사 같은 교양이나 다큐멘터리 프로그램을 즐겨 시청한다. 요즘 제작되는 드라마나 코미디 프로그램 자체가 내 취향하고는 전혀 일치하지 않는다는 말이고, 살아가는데 전혀 도움이 안 된다는 말이다. 관심자체가 그러하기에 Cable TV에서 나오는 드라마보다는 자연히 책장으로 눈이 돌려지고, 꽂혀있던 책들을 무심코 훑어보다 이내 한 문학집이 눈에 들어온다. 문학집의 책등을 움켜쥐고 빠른 속도로 넘겨보다가 알 수 없는 페이지에서 엄지손가락이 정지했다. 그리고 시를 읽어보니 '어떤 눈물은 너무 무거워서 엎드려 울 수밖에 없을 때가 있다'는 문장이 눈에 꽂힌다. 이 한 줄의 글귀가 냉정한 도시생활에 시달려 돌처럼 딱딱해져버린 내 감성을 조각한다. 스스로 살아가고 있는 것이 아닌 피동적으로 엮여 살게 되는 삶은 온갖 고통이며 눈물이다. 바늘로 찔러도 피 한 방울 나지 않을 것 같은 독살스런 사람도, 자기입장에서만 문제를 해석하고 해결하려는 요지부동한 성격의 사람도, 재산이 있거나 높은 지위에 있다 보니 민초들을 우습게 아는 함량미달인 사람도, 어깨를 으쓱거리고 상대에게 선득선득한 느낌을 주는 인격불량자도, 고매한 인격에 매일같이 경성(警醒)하고 또 경성하는 사람도, 그리고 매사가 긍정적이며 온화한 성품에 덕을 쌓으며 살아가는 사람도 감성에 따라 흘릴 눈물은 있다. 그리고 흘리는 눈물에는 나름 그들만이 갖고 있는 진정성이 담겨있다. 내 자신도 걸어온 역사만큼이나 타인의 눈물도 많이 보았다. 한국에서 목회하던 때, 말기 유방암에 임종을 앞둔 성도가 아직 젊은 나이라며 목을 놓아 우는 것도 보았고, 실연에 오랜 기간 두문불출하고 방구석에 틀어박혀 하염없이 눈물을 흘리는 청년도 보았다. 고등학교에 다니던 자식이 가출하고 매일같이 기다리며 눈물을 흘리는 중년성도의 눈물, 생활고 때문에 아이들을 제대로 교육시키지 못하는 성도의 비애, 술로 사는 남편 때문에 뭍으로 떠나버린 엄마가 그리워 울어대는 4살짜리 어린 영혼, 그리고 엄마가 없다며 우는 동생을 보며 덩달아 우는 8살짜리 누나의 가슴 시린 눈물도 보았다. 그들이 흘렸던 눈물은 가슴에 맺힌 비애를 그대로 대변하는 말없는 언어이다. 감성이나 감정을 끌어 모은다고 할지라도 계속해서 퍼 올리는 상대의 눈물에 같은 아픔을 느낄 수 없는 것은 나와 합일된 유기체가 아니기 때문이다. 마치 삽질에 몸이 두 동강이 난 지렁이가 온 몸을 비틀고 꼬아가며 아픔을 표현하지만 우리가 무감각적으로 바라보듯, 타인이 겪고 있는 고난과 고통은 공유할 수 없고 나에게 동일하게 적용될 수 없기에 그저 냉소적이며 무감각할 수밖에 없다. 고로 '타인의 눈물은 물이다'라는 러시아의 속담처럼, 타인이 흘리는 눈물이 그저 밋밋한 물같이 보이는 것은 나와는 실제적인 관계가 없기 때문이다. 이와 상반되게 내가 흘리는 눈물은 타인의 눈물보다 무겁고 양도 많으며, 염분농도가 진하기에 중력도 강하다고 느끼는 것은 직접적으로 아픔을 겪는 실제성 때문이다. 우리가 별 것 아니라고 판단하는 타인의 눈물이 그 당사자에게는 죽어서도 잊지 못할 지독한 아픔일 수 있고, 내가 느끼는 아픔은 어느 누구의 고통보다도 무겁다며 낡은 눈물 위에 새 눈물을 흘려 내려 보내기도 하지만 상대에게는 내 눈물이 하찮을 수도 있다. 하지만 주체인 '나'와 객체인 '너' 역시 육신만 다를 뿐 각자의 눈물샘에서 쏟아내는 물은 가감 없이 동일하게 짜다. 각자가 흘리는 눈물에는 자신의 무능함과 무기력, 나약함이 나타나 있고, 지금의 한계를 깨달으며 삶의 본질을 알아가는 구체적인 과정이다. 절로 눈물이 흐르기 때문에 우는 것이 아니라 슬프기 때문에 우는 것이고, 그 눈물은 자신과 관계된 것들에 대한 사회적 언어의 표현이며 감정의 호소로 나타나는 것이다. 얼음처럼 냉정한 눈물, 이슬처럼 서늘한 눈물, 용광로처럼 뜨거운 눈물, 간헐천 같이 듬성듬성 쏟아내는 눈물, 원인도 없이 절로 눈가에 망울망울 맺히는 미지근한 온도의 눈물도 있다. 하지만 어떤 아픔이나 고통에 의한 감정도 없이 흘러 내보내는 눈물은 화학성분도 없는 그저 건조한 물일뿐이다. 구원의 감격으로 눈물이 잦다거나 종교와 거리를 두고 산다고 해서 눈물이 없는 것은 아니다. 어리고 순수하다고 해서 속수무책으로 눈물을 흘린다거나 한 평생 산전수전 다 겪으며 걸어온 노련한 인생이라고 해서 눈물이 없는 것은 아니다. 지금 눈물을 흘리고 있는 내가 '나'이며, 감정을 갖고 있는 '나'가 어떠한 사건으로부터 당장 벗어날 수 없다는 현실 때문에 흘리는 것이 눈물이다. 현시대를 살아간다는 것은 참으로 눈물의 연속이다. 라마르크(Lamarck)의 용불용설(Theory of Use and Disuse) 같이 자신이 발전하지 못하면 버림받는 것이 당연지사가 되어버린 사회, 그러기에 능력이 부족한 사람이 퍽퍽한 이 시대를 살아간다는 것은 고통이며 슬픔이며 눈물이다. 요즘은 어린 초등학생에서부터 장년세대에 이르기까지 과거보다 눈물을 흘리는 횟수가 더 많은 것은 경제적 궁핍에 행복도 기쁨도 없어졌기 때문이다. 그런데 고통스런 현실을 겪으면서도 현저하게 눈물이 줄었다는 것은 감정표현 불감증(Alexithymia)을 갖고 있는 사람이거나, 아예 눈물이 없다는 것은 〈Equilibrium〉이라는 영화에서 보듯 감정이 제거된 사람들이다. 며칠 전 Central Park의 Columbus Circle역에서 하차해 7th Avenue로 내려가다 58가 모퉁이를 끼고 돌아서는 순간, 누추한 모습의 흑인 노인이 벽에 기대어 반쯤 누워있는 모습이 눈에 띈다. 한쪽 눈에서 노란 액체가 흘러내리고, 정강이와 허벅지살이 심한 상처로 덧이 나 있었다. 그와 대화를 나누던 중년의 백인여성이 "조치를 취하지 않고 왜 이 지경까지 왔느냐?"는 말이 들리고 눈물을 글썽이며 20불짜리 지폐와 아침식사로 샀던 커피와 Bagel을 건네주고 무겁게 자리를 떠난다. 그리고 중년여성이 떠나자마자, 젊은 백인여성이 다가가 무릎을 굽히더니 위로의 말과 더불어 방금 전 건너편 약국에서 사온 피부연고와 소액의 지폐를 그의 손에 쥐어주고 일어선다. 마스카라가 묻은 검은 눈물이 뺨을 타고 흐르고, 앞에서 물끄러미 바라보던 내 마음도 울컥해진다. 정신없이 돌아가는 사회구조에 찌들어 사는 우리들의 눈물샘은 말랐다고 말한다. 하지만 두 여성의 모습에서 아직도 우리의 감정은 살아있고, 그 눈물에서 약자에 대한 관심과 위로의 의미가 무엇인지 알게 한다. 돌이켜보면 세상은 아픔을 주는 사건도 많고 더불어 상처받으며 살아가는 사람도 너무 많다. '너'의 아픔을 '나'의 아픔으로 받아드리지 못하며 살아가는 것은 이기심이 아니라, 상대까지 감당할 수 있는 여력이 없기 때문이다. 그리고 우리가 흘리는 눈물은 상대를 도울 수 없다는 안타까움에서 오는 것이고, 상대가 쏟아내는 눈물은 누구도 관심을 가져주지 않기 때문이다. '언제든 흘릴 수 있는 풍부한 눈물을 준비해둔 것이 여자이고, 흘리는 눈물이 그 여자의 미소보다 감동적이다'라는 서양 속담이 있긴 하지만, 그 여성들이 쏟아냈던 눈물은 진심으로 나약한 흑인노인이 안쓰러워 마음에서 나온 순수함이다. 어쨌든 염분의 농도가 가장 진한 눈물은 자녀가 안타까운 모습을 보여줄 때, 본능적 감정으로 쏟아내는 어머니의 눈물이 아닐까. 또한 가장 슬픈 눈물은 스스로에게 실망을 느껴 자존감이 사라지고 무능함을 느낄 때 흘리는 눈물일 것이다. 생물학적 본능으로 연계된 눈물이 불변의 진실이라면 현실에서 흘리는 눈물은 무능과 성취감의 결여에서 오는 것임을 부인할 수 없다. 그렇지만 눈물 앞에서는 마음이 솔직해지고 아픔을 치유케 하는 아름다움이 있다. 눈물이란 좌절보다는 미래를 향하고, 그 미래의 삶을 알차고 풍성하게 맺어주는 열매와 같다. 계절이 바뀌듯 온갖 생활의 변화에서 얻어지는 눈물은 곧 자양분이 되어 삶에 나타날 것이고, 더불어 그 눈물은 이전보다 성숙한 사람으로 만들어 갈 것이다. 살면서 문득문득 얻어지는 우리의 슬픔도 한 자리에 머무르지 않고 아침 이슬처럼 증발해버리는 것. 그러기에 고난을 이기기 위해 흘리는 눈물은 덧없는 것이 아니다. 고난과 고통으로 얻어지는 차가운 눈물을 흘려야만 삶이 성숙해질 수 있다는 기억을 하면서, 'If you don't learn to laugh at trouble, you won't have anything to laugh at when you're old. 걱정거리를 두고 웃는 법을 배우지 못하면 나이가 들었을 때 웃을 일이 전혀 없을 것이다.'라는 Edgar Watson Howe의 말을 떠올려본다. 제 아무리 장강(長江)처럼 길고 긴 생명을 유지하더라도 인생이란 결국 부운조로(浮雲朝露)와 같고 몽환포영(夢幻泡影)과 같은 것. 섬광같이 번쩍이다 우주 속으로 사라지는 찰나의 혜성처럼, 잠깐 왔다가 흔적도 없이 사라지는 것이 인생이다. 단 한번 뿐인 인생을 눈물로 살아가기보다는 아름다운 추억도 있었다는 것을 기억하며 살아가자. 그리고 우리 모두가 감정을 억제하지 말고 눈물이 나오면 나오는 대로 흘리면서 살아가자. 그 이유는 눈물은 더 이상 과거가 아닌 나의 미래를 경이롭게 변화시키는 요소라는 것을 확신하기 때문이다. 키에르케고르(Sören Aabye Kierkegaard)가 그랬던가. "나는 두 개의 얼굴을 가진 야누스이다. 한 얼굴은 웃고 다른 얼굴은 울고 있다."라는 말처럼, 오늘도 웃고, 우는 우리의 모습을 본다. 야누스의 두 얼굴, 그것이 인생이다.

나는 외롭다

- 삶의 활력이 필요할 때 -

세상살이에 아픔 없이 살아가는 사람은 없다. 시대에 관계없이 세상에 발을 딛고 사는 사람들은 항상 근심이나 아픔을 가지고 살아가며, 그것들이 깊어지면 외로움으로 발전되기도 한다. 누구든 피해갈 수 없이 일생내내 겪어야 하는 것이 외로움이다. 그러기에 외로움은 추상이 아닌 실제적이다. 이에 반해 고독은 추상과 실제가 공존하는 세계다. 고독이 머무는 시간은 살아온 날들을 성찰하는 시간이고, 내가 누구인지 정체성을 깨닫는 시간이다. 그리고 여분의 인생을 창조적으로 만들기 위한 과정이기도 하다. 그래서 내 자신이 사용해야할 마지막 단어는 죽음과 더불어 고독이라 말하고 싶다. 요즘 외로움으로 인해 고통을 헤어나지 못하고 극단적으로 행동하는 사람들을 심심치 않게 볼 수 있다. 이런 가슴 아픈 사건들을 보면서 외로움은 영혼을 도려내는 예리한 메스와 같다는 생각이다. 내 과거를 살펴보면 10대와 20대에서는 대체로 꿈에 대한 좌절과 실망으로 인해 친구들과 단절하면서 느꼈던 외로움, 30대부터 50대에는 사회성이 부족해 대인관계에 소심해지고, 바쁜 이민생활로 인해 만나 대화할 사람도 없다 보니 가끔씩 혼자라는 어두운 감정이 엄습하다 사라지곤 했다. 원인은 내 자신을 신뢰하는데 미숙했고 타인에 대한 사랑하려는 마음도 부족했기에 불안과 외로움이 지속된 것이다. 그런데 아이러니하게도 이런 상황에서 발생된 불안과 외로움을 고독이라고 그럴듯하게 포장해서 살아온 것이다. 위대한 신학자 Paul Tillich는 "외로움이란 혼자 있는 고통을 표현하는 말이고, 고독이란 혼자 있는 즐거움을 표현하는 말이다."고 했다. 부연하면 고독은 내가 불러들이는 것이고, 외로움은 내가 끌려가는 것이라는 뜻이다. 살아가면서 나를 발견하지 못했다면 그것은 고독이 아니라 외로움이며 쓸쓸함이다. 이처럼 외로움은 외부와 연결되어 찾아오지만 고독은 내부에서 생성되어 스스로 나를 만난다는 말이다. 그리고 외로움은 자신을 파괴지만 고독은 자신을 새롭게 창조해가는 힘이 있다. 이런 점에서 이전까지는 외로움에 매달려 살아왔지만, 이제는 '인생이 완성되어가는 내적조건으로서 절대적인 고독이 필요하다'는 Kierkegaard나 Nietzsche의 말에 동의하며, 외로움이나 공허함을 내적세계로 끌어들여 나를 찾기 위한 여행을 하려고 노력 중에 있다. 외로움은 무덤으로 갈 때까지 안고가야

할 숙제인가. 몇 달 전 예상치 못한 외로움이 또다시 찾아왔다. 자식들이 먼저 합사하자는 의견에 따라 살던 아파트를 정리하고 새로 거주할 곳으로 이사를 왔다. 이삿짐을 옮겨온 첫 날 오전에 살림 배치로 큰 아들과 언쟁이 있었다. 큰 아들 왈 "이 곳은 내 집이니 내가 원하는 대로 배치하겠다"는 말에 울컥하고, 그 한마디에 화를 삭이지 못하고 이 집을 떠나겠다며 밖으로 나와 버렸다. 대로변까지 따라 나와 가지말라는 아내를 뿌리치고 곧바로 부동산 중개인을 만나 원룸을 계약을 했다. 염량세태, 아니 영고성쇠라고 했던가. 이민을 선택한 것도 자식을 위한 것이었고, 헐벗고 달려온 이민의 시간도 오로지 자식을 위한 것이었는데, 이제 힘이 쇠락하니 자식들이 무시하는 것 같은 언행에 이루 말할 수 없는 상처를 받았다. 집을 나와 혼자 생활한지 4개월 째, 마음도 몸도 여위어 가던 어느 몰각, 잠이 오지 않아 계속해서 몸을 뒤척이다 일어나 창밖을 보니 가로등 불빛 아래 빗줄기가 끊임없이 이어진다. 소리 없이 흘러내리는 만추의 비처럼 서러운 마음을 주체할 수 없어 이내 방바닥에 웅크리고 앉아 외롭고 괴로웠던 시련의 시간을 생각하니 야윈 두 뺨에 한 없이 눈물만 흘러내린다. 아픔을 견디며 살아가는 것이 인생이라지만 자식으로부터 존중받지 못한 괴로움보다 더 큰 게 어디 있겠는가. 막막한 밤, 답답하고 외로움을 감당할 수 없는 마음에 밤새 잔을 비우고 빈 잔이 되면 또 채운다.

그대의 싸늘한 눈가에 고이는 이슬이 아름다워
하염없이 바라보네. 내 마음도 따라 우네
가여운 나의 여인이여 외로운 사람끼리
아~~만나서 그렇게 또 정이 들고
어차피 인생은
빈 술잔 들고 취하는 것 그대여
나머지 설움은 나의 빈 잔에 채워주~
나의 빈 잔에 채워주~~

남진 - 〈빈잔〉

몇 개월이 지나고 또 지나도 삭혀지지 않는 아픔. 낙엽이 이리저리 뒹구는 거리를 외로이 걷는 내 가슴 속엔 찬바람만 돈다. 예정에도 없던 것들을 마주하는 이 시간은 마치 무인도에 버려진 사람처럼 아니, 우주선과 연결된 생명줄이 절단되어 적막한 우주를 표류하는 우주인처럼, 거리에는 수많은 사람이 있지만 이들과 동떨어져 나 혼자라는 외로움을 감당할 수 없다. 마음가짐에 따라 외로움을 고독으로 전환시킬 수 있다지만 지금 내가 느끼고 있는 이 외로움은 Erebus에게 지배당하고 있는 암흑의 감정과 같다. 아들과 소통이 제대로 이루어지지 않아 겪고 있는 이 외로움을 이겨내야 한다. 외로움이 밀려오는 이 시간, 살아오면서 가족이나 이웃에게 내가 어떤 존재로 인식되어졌는지 그리고 어떤 영향을 주며 살아왔는지 돌아본다. 빈 마음으로 세상을 바라보고 내 주위를 살펴보는 이 순간만큼은 외로움이란 죽음에 이르는 병이 아니라 나를 자각케 하고 고난과 고통을 극복케 하는 mental치료제이다. 지금 느끼는 이 외로움은 내가 살아있는 동안 그림자처럼 내내 따라오며 괴롭힐 것이지만 그렇다고 슬퍼할 필요도 없다. 어차피 인간은 외로움을 부여 받고 태어났고, 외로움과 함께 평생을 같이하다 무덤으로 동행해야하기 때문이다. 그러기에 외로움을 두려워하거나 혹은 거부도 회피하지도 말자. 공허함과 외로움은 순수한 마음에서만 생성되는 것이니까. 어떤 이들에게는 쓸쓸함과 외로움이 생(生)의 독약으로 작용하지만, 필연으로 받아들이며 살아가는 사람들에게는 오히려 창조적인 인간으로 변화시키는 중요한 시발점이 될 수 있다. 공허한 곳에서 홀로 계시는 외로운 신을 상상해본다. 그리고 신이 자신의 형상인 인간의 영혼속에 숨겨놓은 외로움에 대해서도 생각해 본다. 황량한 밤, 어둠 속에서 "나는 외롭다. 하지만 외로움은 평생같이 가야할 동반자이기에 거부하지 말고 함께하자. 외롭고 쓸쓸할 때 참다운 나를 느끼고 있지 않는가"라는 말을 뱉는다. 삶의 활력이 필요할 때 외로움만한 약이 없다는 것을 깨닫는다.

궁색한 핑계와 구차한 변명

- 진정한 반성과 용서 -

실수를 평생 달고 살아가는 것이 사람이다. 우리가 크고 작은 실수를 하루에도 몇 번씩 반복하며 살아가는 것은 신(神)이 아니기에 어쩔 수 없는 현상이다. 실수가 다반사라는 것은 그렇다 치더라도 그 이후가 문제다. 우리의 생활을 세심히 관찰해보면 어떤 실수를 범했을 때, 그것에 대한 반성이나 성찰보다는 스스로 변명으로 일관하는 것이 대부분이다. 이유는 어려서부터 실수에 대한 반성과 극복의 과정, 그리고 변명은 실수를 더하게 만들고 자존감을 떨어뜨린다는 것을 가정과 교육기관, 사회로부터 배우지 못했기 때문이다. 그렇기에 자신의 실수를 흔쾌히 인정하지 못하고 온갖 상상을 동원해 변명을 꾸며내는 것이 지금의 세태이다. 책임회피를 위한 급조된 변명은 곧 거짓말을 동반하고, 이런 변명이 인생을 수렁으로 몰아가는 경우도 가끔씩 있다. 실수는 인생을 배우는 방법이며 과정이지만, 실수를 덮으려는 변명은 자신의 삶을 부정하는 독약과 같은 것이다. 그러므로 살면서 수천, 수만 번의 실수하는 것이 인지상정이지만, 실수를 저지르는 것보다 그것에 대한 변명이나 합리화가 더 나쁜 것이라고 할 수 있다. 나도 모르게 저지르는 실수도 있고 경험부족에서 오는 실수도 있다. 하지만 그것을 인정하고 반복하지 않겠다는 다짐과 노력을 할 때, 그 삶은 희망적이고 지금보다 더 발전할 가능성이 있다. 그래서 Hugh White는 "실수를 범했을 때 오래 뒤돌아보지 말라. 실수의 원인을 마음에 잘 새기고 앞을 내다보라. 과거를 바꿀 순 없지만 미래는 아직 네 손에 달려있다."고 말한다. 상대의 숫자가 적은 집단일수록 자신의 실수가 그리 대수롭지 않을 수도 있지만, 영향력 있는 공인(公人)의 실수는 파급효과가 너무 커 국민들에게 직접적으로 크나큰 고통을 줄 수 있다. 또한 국가의 기강과 안보의 문제에 대한 실수는 나라의 존망과도 연결된다. 그 예로 2016년 겨울, 당시 통수권자와 정부 관료들의 부족한 식견과 무능력이 국가정책의 실패로 이어져 국민들을 고통 속으로 몰아넣은 적이 있다. 또한 국민의 뜻을 대변해야할 집권정당의 의원들은 민생에 손을 놓고, 국민이 자발적으로 모인 촛불집회를 공산화를 원하는 운동권들의 농간이라고 목소리를 높이기도 했다. 그리고 통수권자의 40년 지기가 나라의 근본을 흔드는 국정 농단을 했고, 이로 인해 국가존망의 중대한 기로에서 "내가 이러려고 대통령을 했나. 자괴감이 들어 괴롭다"는 유치하고 뚱딴지같은 궤변을 늘어놓아 민초들의 분노를 샀다. 최근에는 현 정권의 수장이라는 사람이 미국을 방문해서 "국회에서 승인 안해주면 바이든 쪽팔려서 어떡하나?", 중동에 가서는 "UAE의 적은 IRAN" 라는 외교현장에서 절대 사용하지 않아야 할 단어를 스스럼없이 쏟아내 비난이 빗발쳤지만 국민들에게 사과는 커녕 끝까지 변명으로 농간질하는 모습을 보았다. 그리고 몇 달 전에 있었던 이태원 할로윈 축제사망사고 때도 대통령과 관료들은 유족이나 국민에게 영혼 없는 말만 나불거렸을 뿐, 한 마디의 진심 어린 사과도 없었다. 그들의 입에서는 오로지 그곳에 참석한 청년들이 잘못이라는 핑계와 변명만 주어 댄다. 이런 문제와 연관된 당사자가 정권을 잡은 뒤 확연하게 나타난 현상은 친일 행정각료들을 대거 기용하고, 수구여당의원들은 다시 한 번 한국을 식민지로 만들어 달라고 기미가요를 부르며 일본을 찬양한다. 그리고 수구 악질 언론과 매국노 후손들이 부동산과 돈 놀이로 활개치는 가슴 아픈 현실을 보며, 머지않아 역사는 이들을 심판할 것이라고 확신한다. 불원천불우인(不怨天不尤人)이라고 했던가. 잘못된 구조를 개선하려는 움직임도 없이 나쁜 쪽으로 고착되도록 방기하는 현 정권은 무조건 이전 정권이 잘못했기 때문이라고 볼썽사나운 변명과 핑계를 늘어놓는다. 이 모습은 마치 부모에게 핑계를 늘어놓는 어린 아이들의 행태와 같다. 대통령이나 관료들이 "본인의 실수로 인해 국민들이 피해를 입고 상처받은 것에 대해 사과드립니다. 앞으로는 전적으로 국민들을 위한 통치행정을 하도록 더욱 노력하겠습니다."라며 용서를 구하면 상대에게 분노와 원망이 해소되지만, 반성보다는 핑계와 변명으로 일관한다면 오히려 행정수반과 각료들에게 실망은 물론, 돌이킬 수 없는 불신으로 이어질 것이다. 심리학자인 Ernie Zelinski의 저서 〈우리가 잊고 사는 50가지〉 중에서 "솔직해지자. 우리는 왜 더 나은 성공을 거두지 못했는지를 합리화하는데 능숙하다. 나는 지금까지 최소한 일만 번 이상 그렇게 했고, 여전히 같은 함정에 빠지곤 한다. 그러나 누구도 변명으로는 행복해질 수가 없다. 변명은 스스로 다치게 할 뿐이다. 중요한 일을 성취하지 못한 이유에 대해 그럴듯한 변명을 만든다면 배에 오르기도 전에 난파한 격이나 다름없다."고 지적한다. 그의 지적을 한마디로 요약한다면 무능이나 실수에 의해 일어난 사건들을 외부의 탓으로 돌리기보다는 자신의 문제로 인식하는 습관을 들여야 발전할 수 있다는 말이다. 부조리하고 불합리한 세속정치와 같이 교회도 마찬가지인 것 같다. 인간의 타락은 아담의 변명과 이브의 실수에서 출발했듯, 역시 그들 후예들이 세운 교회도 죄사함을 빙자한 금전거래와 신부와 목회자들의 성범죄 등 여러 실수에 대해 변명만 할 뿐 아직도 진정한 회개가 없다. 국민과 교인들의 우려에도 불구하고 담임목사의 자리를 친인척에게 세습 시키고, 교회헌금을 사적인 용도로 사용하는 목회자들이 넘쳐난다는 것이 이를 반증한다. 최근에는 개발지역에 있는 사이비교회의 목사가 정부로부터 받은 거액의 토지보상금을 아들에게 넘겨주는 전대미문의 해괴한 일도 있었다. 이렇게 목회자에 대한 국민들의 불신이 팽배해져 가고 있지만 회개는 커녕 "이 모든 것이 하나님의 뜻이다"라고 궁색한 변명을 한다. 이러한 불법이 자행되고 있음에도 교인들은 침묵하고 있는 사이, 영성이 비뚤어진 목회자들은 쉴 새 없이 사욕을 채워간다. '소득이 있는 곳에 세금이 있다'는 말처럼, 모든 소득에 대해서 일정의 세금을 내는 것은 국민들 의무이며 국가가 유지되는 원천임에도, 성스러운 활동을 했기에 이에 따라 받는 사례비를 소득으로 보면 안 된다는 무지한 목회자들도 있고, 소득을 적게 보고하는 목회자들은 물론, 아예 세금도 내지 않고 국가의 혜택에 무임승차 하려는 목회자들도 수두룩하다. 목회자는 신선이 아닌 땅을 딛고 사는 인간이다. 그리고 교회는 세상보다 위에 있는 것이 아니고, 세상을 구성하는 문화의 한 부분일 뿐이다. 이기적인 목회자들의 이러한 궁색한 핑계와 구차한 변명으로 일관하는 현실을 보면서, 교회는 21세기가 지나기도 전에 쇠퇴할 것이라고 추측해 본다. AD 313년 이후로 현재까지 교회는 민중들을 위해 한 일이 없으며, 오로지 권력자들에게 충성하고, 물질을 많이 그리고 자주 바칠수록 자자손손 복을 받는다는 세뇌교육만 했을 뿐이다. 그뿐인가. 대부분의 교회종사자들은 권력에 충성하여 온갖 특권을 누리고, 복채에만 눈독을 드리는 선무당이나 역술인과 같은 모습을 보여왔다. 자신들의 안위를 위해 종교사업을 하는 사이비 성직자들의 변명과 핑계를 우리가 더 이상 방관하거나 용서해서는 안된다. 회개와 용서란 무엇인가. 회개와 용서란 상대인 '너'가 주어이며 중심이 되지만, 변명은 '나'가 주어이고 중심된다. 따라서 회개와 용서의 기본형식은 '나'로 인한 상처와 피해를 입었다는 것을 상대에게 인정하고, 양해와 더불어 앞으로 더 이상의 폐해를 부여하지 않겠다는 노력과 약속을 밝히는 것이다. 그러므로 회개와 용서의 초점은 '나'의 실수를 인정하고 상대의 너그러움을 바라는데 있다. 이와 대조적으로 변명은 상대보다도 '나'가 중심이 되고, 실수의 이유에 대한 해명이 중심이 되어있기에 피해를 입은 상대를 인정을 하지 않는다는 뜻이다. 오히려 상대가 입은 피해보다도 자신 받은 피해와 상처가 더 크다는 것을 인정해달라는 농간으로 해석될 수 있다. 그들이 핑계나 변명은 할 수 있어도 용서를 구할 수 없는 것은 대중들을 바보 취급하고 있다는 것이고, 이미 자신들의 철학에 상대가 배제되어 있다는 말이다. 언어에 대해 가장 철저하게 분석했던 철학자 Johann Wittgenstein은 '인간은 언어 속에 갇혀 있는 존재'라고 했다. 이 말은 내가 쓰는 언어가 곧 '나'라는 뜻이고, 더불어 실수를 인정하거나 그에 따른 용서를 구하는 말은 참으로 중요하다는 사실을 강변하고 있는 것이다. '천냥 빚도 말로 갚는다'고 했던가. 실수에 대한 변명이나 궤변보다는 상대에게 사과나 용서를 구한다면 상대는 감동되어 잊어버린다는 것을 간과한다. 생각건대 언제 어디서나 누구에게든 나의 잘못이나 실수를 변명하지 않고 인정할 줄 아는 사람은 자신을 발전시킬 수 있지만 그렇지 않고 매사에 변명이나 핑계로 일관한다면 자신의 삶이 불행해질 뿐 아니라, 결국 스스로를 매몰시킨다는 것을 깨달아야 한다. 아름다운 삶을 구상하는 사람이라면 실수와 실패에 대해 맨 먼저 무엇이 잘못되었으며, 그 잘못이 누구에게 전달되었는지 파악해야 한다. 그리고 피해를 받은 사람에게는 변명이 아닌 용서를 구하는 자세를 갖아야 한다. 우리들이 원하는 행복이란 진정 반성과 용서에서 오는 것이다.

보고 싶은 얼굴들

- 고독은 그리움의 선조 -

북향으로 점점 몸을 누이는 10월의 태양. 노쇠해진 태양은 전처럼 열기없이 시들어버린 청천(靑天)의 불꽃이다. 이 틈새를 탐하는 만추, 그리고 홍엽으로 뒤덮인 오솔길을 사랑하는 반려견과 함께 걷는다. 소슬한 바람이 불어오고 산책 도중 반려견 앞에 불쑥 나타나는 한 장의 푸른 오크나무 낙엽. 생명을 접기에는 아직 푸른데 무엇이 급해서 세상을 등지는 것인지 궁금하다. 잎파리를 미리미리 떨구어 내는 것은 어쩔 수 없이 겨울을 받아들여야 하는 나무들의 애곡(哀哭)이다. 오직 두 계절만 머물다 떠나가는 잎새들의 애섧은 모습은 마치 보고 싶은 사람들을 보지 못하고 그리움만 키우다 살다 간 윤동주 시인의 모습과 같아 보인다. 낙엽이 하나 둘 씩 떨어지는 가을은 비감의 계절, 이별의 애통함이 뒤덮인 대지의 분위기에 젖어 들고, 나는 비애를 읊는 시인이 되어 낙엽 하나하나에 이런 저런 소재를 붙여본다. 그러다 그리운 얼굴들의 이름으로 옮겨간다. 요즘은 세월 따라 멀어져간 고향 동무들, 그리고 새록새록 꿈을 키웠던 동창(同窓)들의 영롱한 모습이 무시로 머리속을 오락가락한다. 하루를 시작하기도 전에 찾아오는 그리움, 아무리 발버둥쳐도 만날 수 없는 사람들, 그러기에 그리움은 죽음으로 가는 영혼의 몸부림이며, 과거의 공간과 시간으로 되돌아갈 수 없는 육신의 한계이다. 옷깃을 파고든 만추의 바람에 야윈 가슴은 싸해지고, 동천(冬天)같이 차가운 그리움은 뼛속까지 파고들어온다. 아무리 애원해도 그 시절은 메아리처럼 돌아오지도 않는다. 나에겐 아직 사람들을 향한 그리움이 있지만 나를 사랑하거나 그리워하는 친구가 없음에 Baudelaire의 산문시(散文詩)를 떠올리며 슬프고 외로운 마음으로 산책길을 걷는다.

"자네는 누구를 가장 사랑하는가. 수수께끼 같은 사람아. 말해보게. 아버지, 어머니, 누이, 형제?"
"내겐 아버지도, 어머니도, 누이도, 형제도 없어요."
"친구들은?"
"당신은 이날까지도 나에게 그 의미조차 미지로 남아 있는 말을 쓰시는군요."
"조국은?"
"그게 어느 위도 아래 자리 잡고 있는지도 알지 못합니다."
"미인은?"
"그야 기꺼이 사랑하겠지요. 불멸의 여신이라면."

"황금은?"
"당신이 신을 증오하듯 나는 황금을 증오합니다."
"그래! 그럼 자네는 대관절 무엇을 사랑하는가. 이 별난 이방인아?"
"구름을 사랑하지요. 흘러가는 구름을. 저기 저 신기한 구름을!"

Charles Pierre Baudelaire - 〈異邦人〉

늦가을의 구름은 정처없이 흘러가고, 그리움으로 허기져 있는 내 마음도 이름 모를 곳으로 두둥실 떠나간다. 시절이 만들어 놓은 추억을 다시 채워보려 하지만 오히려 그리움이 되어 영혼을 아프게 한다. 오늘도 불쑥 찾아온 그리움은 외롭고 쓸쓸함을 넘어 견디기 어려운 고독으로 변해간다. 그 그리움은 고독의 후손이며 고독은 그리움의 선조다. 그리움이 어둠처럼 짙어질수록 설움이 되어 더욱 고독해진다는 진리를 깨달으며 낙엽이 이리저리 뒹구는 오솔길 옆 벤치에 잠깐 앉아 쉰다. 이어 점점 기울어 가는 한 계절의 깊숙한 곳을 향해 또다시 터벅터벅 걷는다.

사람이 그립다

- 그리운 고국을 다시 찾으며 -

1

지나버린 시간은 기억을 남겨놓고, 그 기억은 그리움을 낳는다. 기억은 마음속에 깊게 새겨 놓기도 하지만 그저 허공에 의미 없이 뿌려 놓기도 한다. 무인도에 갇혀 지루하고 나태한 일상을 보내는 사람처럼, 은퇴 후 몇 달이 지났지만 소일거리를 만들 수 없다 보니 다람쥐 쳇바퀴 돌리듯 하루가 단조롭기만 하다. 더구나 취미생활을 할 수 있는 여건이 마땅치 않다 보니 생활에 활기도 없고 의욕도 생기지 않는다. 갖추어지지 않은 환경이 상심을 불러일으키고, 반사적으로 여러 방면에 걸쳐 자유롭게 활동했던 조국에서의 옛 시절이 떠오른다. 옛 시절 속에는 그리움이 담겨져 있고, 그리움 속에는 누구나 알만 한 조국의 거리와 장소, 지인들의 얼굴로 범벅이 되어있다. 지인들이 그리워

오랫동안 속앓이를 하다 이윽고 아내에게 조심스럽게 고국을 방문하자고 말을 꺼내 보지만 번번히 돌아오는 말은 "휴가기간도 아닌데 무슨 고국 방문이냐?"는 짜증 섞인 대답만 돌아온다. 며칠이 지난 저녁, 오붓한 분위기가 찾아오고 주방에 있던 아내에게 "아침에 장모님하고 통화하던데, 건강하시데? 사위 구실을 제대로 못하고 있으니 가슴이 아프네."하며 마음에도 없는 허튼소리를 했다. 숟가락질을 하던 아이들이 서로 눈짓을 주고받더니 곧바로 "가실 날이 정해지면 말씀해 달라. 알아서 해결해드리겠다"고 작은아들이 말한다. 뜻하지 않게 아이들이 나서 경비는 쉽게 해결되고, '번개 불에 콩 볶아 먹는다'는 속담처럼, 다음 날부터 일사천리로 가져갈 선물과 옷가지들 그리고 코로나백신과 독감접종을 하기 위해 분주하게 움직인다. 시간은 흘러 이윽고 기다리던 날이 다가왔다. 두 아이와 반려견의 배웅을 뒤로한 채, 칠흑 같은 어두움을 뚫고 가까스로 공항에 도착한다. 집에서 너무 늦게 나와 불안했지만 자정이 넘어서인지 항공사 데스크 앞에 승객들이 없었고, 이에 Boarding Pass는 빛의 속도로 끝났다. 이어 보안검색대에도 승객들이 별로 없어 쉽게 끝났다. 모든 절차를 마치고 비행기가 대기하고 있는 Gate에 도착하니 승객들이 탑승교로 들어가고 있었고, 몇 명만 남아 차례를 기다리고 있었다. 다행이라는 생각에 안도의 한숨을 거칠게 뿜어낸다. 우리 부부를 실은 육중한 비행기동체는 쏜살같이 허공을 향해 솟아오른다. 좌석에 몸을 기대며 창밖 뉴욕의 야경을 보는 순간, Antoine de Saint Exupéry의 〈어린 왕자〉의 내용이 떠올랐다. "다른 사람에게는 결코 열어주지 않는 문을 당신에게만 열어주는 사람이 있다면 그 사람이야 말로 당신의 진정한 친구다"라는 말과 더불어 "세상에서 가장 어려운 일은 사람이 사람의 마음을 얻는 일이다. 각각의 얼굴만큼, 다양한 각양각색의 마음을. 순간에도 수만 가지의 생각이 떠오르는데, 그 바람 같은 마음이 머물게 한다는 건 정말 어려운 것이다."라는 말이 떠올랐다. 나이가 들어갈수록 지인들이 하나 둘 씩 멀어져 가는 마당에 그리고 대부분 하루하루 생활하기도 벅찬데 누가 나를 만나겠다고 기다리겠는가. 이래저래 무모한 여행이 될까 노심초사하고, 변변치 못하게 살아왔기에 뒤숭숭하다 못해 내 자신이 애잔하게 느껴진다. 시름이 깊어질수록 비행기는 자꾸만 북극 어둠 속으로 빨려 들어가고, 애써 눈을 감아보지만 쉴 새 없이 쏟아져 나오는 굉음에 잠을 잘 수가 없다. 비좁은 공간에서 마땅히 할 것도 없어 두세 편의 영화를 시청한 다음, Lap Top을 열어 만나야 할 사람들, 그리고 만나고 싶은 사람들을 메모장에 나열해본다. JFK공항을 떠난 비행기는 15시간 10분을 날아 인천공항에 도착하고, 짐을 찾아 공항 밖으로 나와 시간을 보니 새벽 5시다. 헤어져 있음은 그리움을 생산하는 것. 처갓집으로 가는 차 안에서 학창시절에 가깝게 지내던 동문들, 그리고 고향 동무들에게 24일간의 한국 방문이 시작됐다는 메시지를 보낸다. 보냈어도 답장해 줄 사람들이 별로 없을 것 같아 상심이 앞섰지만 다행이도 내가 만나길 원하는 날짜와 시간을 알려주면 그 장소로 나가겠다는 소식이 오전에만 서른 통이 넘게 들어온다. 세상은 갈수록 어둡고 냉랭하다지만 기다리는 사람이 있고, 그리운 사람을 찾아 나서는 사람이 있기에 사람사이는 아름답다. 지인들을 만나보니 한결 같이 나와 같이 했던 시간이 이따금씩 떠오르기도 했단다. 그리고 내가 치열한 뉴욕에서 어떻게 살아왔는지 나의 이민생활사도 듣고 싶어 한다. 이렇게 만남이란 어떠한 모양의 사랑을 상대에게 받고 또한 줄 것인가가 아니라, 대화 속에 사랑을 찾아내고 그것이 무엇인지 공감하는 것. 살아온 역사만큼이나 흥미가 넘쳐나는 대화가 줄을 이루고, 그 안에는 지난 시간을 함께 하면서 느꼈던 경험만을 소재로 삼고 있기에 체면도 형식도 가식도 불순함도 없다. 만났던 지인들은 예나 지금이나 황량한 세월을 헤쳐 오면서도 감성을 잃지 않고 살아온 순수한 사람들이라는 것을 새삼 깨달았다. 허공에 대고 외친 우정이나 눈 위에 새긴 우정도 있다면, 바위에 새긴 우정도 있다고 했던가. 머무는 동안 학창시절에 알고 지내던 동문, 어디 있든 서로를 기억하며 살자고 맹세했던 고향친구들을 만나 이런저런 이야기로 회포를 풀었다.

2

해갈에 필요한 비를 단비라고 했던가. 교단정책에 따라 저급한 보수신학에 싫증을 느끼고 학업을 포기할까 고민하던 차에 혜성처럼 나타나 현대신학으로 갈증을 풀어주었던 교수님이 계셨다. 특히나 과정신학(Process Theology)강의를 들으면서 다시금 공부에 매진할 수 있도록 동기를 부여해주신 교수님을 태평로에 있는 프레스센터에서 만나 뵙게 되었다. 교수님과 대화에서 언어의 아름다움을 알게 되었고, 이에 지금까지 내 자신이 나타내 보였던 언행이 얼마나 경박한지를 깨닫는다. 말은 곱고 부드럽게 쓸수록 아름다운 것이고, 상대에게 힘을 주며 아픈 마음의 상처도 치유되도록 돕는다. 반대로 불결하고 거친 언사는 상대의 미래를 망가뜨릴 수 있는 흉기가 될 수 있다. 더 나아가 말로 상처받으며 살아온 사람이 습관대로 타인에게 정제되지 못한 거친 언행을 사용할 때는 예상치 못한 파장을 일으킬 수도 있다. 그래서 성

경에는 '혀는 불이요 불의의 세계라. 혀는 우리 지체 중에서 온 몸을 더럽히고 삶의 수레바퀴를 불사르나니 그 사르는 것이 지옥 불에서 나느니라.'고 하지 않았는가. 그러므로 세치 혀에서 나오는 말은 축복을 불러들이기도 하고 재앙을 불러들이기도 하는 문이다. 육신의 상처는 시간이 지나면 아물지만, 과격한 말은 상대를 절망에 빠뜨리는 저주이다. 사용하는 말에 따라 상대를 천사로 만들 수 있고, 또한 괴물로 만들 수 있다. 말은 한 번 쏟아내면 거두어들일 수도 없는 것. 아무리 후회하고 통곡해도 만시지탄(晩時之歎)일 뿐이다. 교수님을 보면서 좋은 말만 해도 100년이라는 시간이 부족하다는 것을 깨닫는다. 내가 교수님에게 느끼는 감정처럼, 사람이 그립다는 건 그 사람이 좋은 말을 사용했기에 현재까지도 나에게 좋은 기억으로 남아 있는 것은 아닌지 생각해 보았다. 평생 성결을 모토(motto)로 살아온 교수님 같이 나도 말을 아름답게 펼치며 살아가는 성결인이 되고 싶다.

3

고국방문 2주 째 되던 저녁 무렵 서울에 살고 있는 고향친구에게서 메세지가 왔다. 글피 정오에 친구들 모두 익산역 광장에 집결하기로 했으니 늦지 않도록 시간에 맞춰 내려 오라는 내용이다. 열차를 타고 익산역에서 내려 광장 앞에 서니 옛날

엔 번화했던 거리가 간간이 오가는 사람만 눈에 띌 뿐 스산한 늦가을의 모습처럼 썰렁하다. 이 모습에 고려 유신이었던 길재의 시조가 떠올랐다.

> 오백년 도읍지를 필마로 돌아드니
> 산천은 의구하되 인걸은 간데없네
> 어즈버 태평연월이 꿈이런가 하노라

미리 나와 기다리던 친구가 나를 마중하고, 그의 옆에는 가족으로 보이는 백인 4명이 승강장에서 택시를 기다리고 있다. 반가운 마음에 말을 던져보니 기업인인 아버지를 뵈려 펜실베니아 필라델피아에서 왔다고 한다. 익산이라는 지역이 어떤 곳인지 설명하고 있을 때 나머지 친구들이 나타나고, 방문객들에게 잘 가라고 인사를 한 뒤 곧바로 허기를 채우기 위해 식당으로 향했다. 식탁에서 반갑게 인사를 나누는데 한 친구가 보이지 않고, 어찌된 일이냐고 물었더니 올 봄에 코로나에 걸려 생을 달리했다고 한다. 생을 달리한 친구는 명석한 만큼 어릴 적부터 누구에게도 지는 걸 싫어하고, 특히 나이가 들어갈수록 물질과 삶에 대한 애착이 대단했던 기억이 있다. 부유하게 살다 떠나버린 이 친구의 소식을 듣자마자 불현듯 다음과 같은 노자의 도덕경 한 부분이 떠올랐다. "나오는 게 삶이고 들어가는 게 죽음이다(출생입사, 出生入死). 삶의 무리가 열에 셋이고(생지도십유삼, 生之徒十有三), 죽음의 무리가 열에 셋이다(사지도십유삼,

死之徒十有三). 삶에 집착해 바동거리다 죽음의 자리로 가는 사람 또한 열에 셋이다(이민생생동 개지사지 십유삼, 而民生生動 皆之死地 十有三). 어째서 그렇게 되는가? 그 삶을 유지하고자 함의 두터움 때문이다(부하고 이기생생지후, 夫何故 以其生生之厚).' 이 말은 한마디로 삶에 대한 욕심이 지나치면 오히려 죽음으로 향하게 된다는 뜻이다. 인생이란 자연에 거스르지 않고 이치에 맞게 순리대로 살아가야 하는 것이다. 삶과 죽음은 우리가 이해하고자 하는 존재양식일 뿐, 사실 이 둘은 분리할 수 없는 하나이다. 생이 있으면 반드시 죽음이 있음에도 불구하고, 우리는 죽음을 배제한 채 영생불멸 한다는 착각에 빠져 돈과 권력, 명예를 얻기 위해 아등바등하며 살아간다. 백 년 먹을 양식만 곳간에 쌓아 놓아도 될 것을 탐욕을 제어하지 못해 천 년, 만년 치를 쌓아 놓는 어리석은 짓을 하는 것이 인간이다. 남에게 베푸는 것 보다는 철저하게 자신만을 위해 살다 간 친구의 모습이 안타깝기만 하다. 모임에는 고국방문 때마다 만나는 두 친구를 제외하고, 대부분 타지에 거주하기에 아주 오랜만에 만나는 친구들이다. 공업회사를 운영하고 있는 친구가 "건수는 세월이 좋은가 보네. 이민 가기 전 부산에서 만났을 때나 지금이나 얼굴에 주름살이 없네 그려. 근데 우리가 아무리 벌거숭이 친구라지만 장로가 목사한테 이름을 막 불러도 되는 건가?"하며 웃는다. 이에 "에구! 아무렴 어때. 남도 아니고 친구인데. 얼굴에는 주름살이 별로 없어도 이런저런 고민이 많아서 그런지 뇌에는 엄청

나게 많네 이 사람아."하며 맞받아치고 친구들은 박장대소한다. 오랜만에 만나니 반갑고 즐거운지 모두들 웃음이 떠나지 않는다. 이런저런 이야기가 오가다 보니 밖은 이미 어둠이 내려앉아 있고, 아쉬운 작별의 시간이 다가 온다. 언제 다시 만나자는 기약조차 못한 채, 서로 잘 가시라는 인사만 하고 헤어진다. 그리고 서둘러 서울로 올라가는 친구의 승용차에 올라탄다. 고국에 도착하자마자 빡빡한 일정으로 체력이 고갈되고, 피로를 덜어내기 위해 차 안에서 단잠을 청해보지만 저 세상으로 떠난 친구의 모습이 눈앞에서 아른거려 잘 수가 없다. 있다고 잘난척할 것도 없고, 없다고 기죽을 것도 없다. 왜냐하면 물질이란 있다 가도 없고, 없다 가도 생기는 것이다. 그렇다고 그것을 저승으로 가져갈 수 없으며, 적던 많던 단지 살아있을 동안만 사용할 수 있는 일시적인 것이기 때문이다. 그럼에도 물질의 소유가 힘의 척도로 고착화되어 버린 부조리한 세태가 안타깝기만 하다. 부조리가 신기루처럼 넘실거리는 세상, 그리고 물질을 최고로 받아들이며 살아가는 이들을 보며 법정스님은 "삶은 소유물이 아니라 순간순간의 있음이다. 영원한 것이 어디 있는가 한 때일 뿐. 그러나 그 한때를 위해 최선을 다해 최대한으로 살 수 있어야 한다"는 말을 한다. 물질이 생활을 위한 수단이기보다는 이미 내 안에서 신화(神化)되어 버린 현실을 한탄하고 있는 사이 서울에 도착한다. 다시 처가로 가기 위해 승차한 택시는 종로거리를 가로질러 간다. 자본주의의 상징인 LED간판들이 유혹의 빛을 연사하고, 휘황찬란한 색들로 범벅이 된 거리에는 관능을 자극하는 옷차림의 젊은 남녀들로 가득하다. 그리워 단숨에 고향으로 내려가 만났던 어릴 적 친구들. 그 그리움은 물질과 달리 소유할 수 없는 정신의 근원에서 나오는 감정이다. 그리움은 과거를 불러내어 아름다운 색채로 위장하려 한다며 거부하고, 그저 그리움도 없이 태연하게 살아가는 사람은 감정의 결핍이나 위선으로 가득 차 있다는 생각을 해본다. 시간이 갈수록 뒤안길로 서럽게 찾아오는 그리움. 그 그리움은 고통을 동반하지만 한편으로는 행복이 더해지는 신의 선물이다.

4

군사독재가 정점을 이루던 시기에 가난한 자들을 위해 살아보겠다며 부천의 빈민촌에 들어가 활동하던 때가 있었다. 그곳에서 어려움을 함께 했던 동지이며 아우를 34년 만에 서울 종각에서 만났다. 여건이 어려워 빈민촌을 떠난 이후 소식을 주고 받지 못하다가 미국으로 이민 온 후로 가끔씩 그가 보고 싶었고, 그때마다 어떻게 살아가고 있는지 궁금했다. 알 만한 사람들에게 그의 연락처를 수소문했고, 비로소 2000년 겨울에 통화가 이루어져 그의 근황을 알게 되었다. 이 아우는 남부럽지 않은 S대를 나온 후 대기업 본사 홍보국에서 근무한 경력이 있다. 하지만 학창시절부터 농민들과 더불어 살겠다는 의지가 확고했고, 결국 화가인 아내와 함께 강원도와 인접한 경북 봉화군으로 내려갔다. 보장된 미래를 과감하게 내려놓고 비나리마을로 귀농해 둥지를 튼지 거의 30년이다. 자주만나도 어색한 사람이 있지만 오랜만에 만나도 어색하지 않은 사람이 있다. 이 아우와의 만남은 후자에 속한다. 만나자마자 음식점으로 옮겨 식사를 하면서 그간 어떻게 살아왔는지 대화가 이루어졌다. 변함없는 흙과 같이 그의 언어 속에는 예나 지금이나 진솔함이 가득했다. 인연을 중요시하며 사람을 사랑하는 그의 마음을 본받아야 할 것이지만, 본디 내 천성은 이기적이기에 아우와 같은 삶을 살아간다는 것은 불가능하다는 것을 깨닫는다. 남귤북지(南橘北枳)라고 했던가. 빈민촌에서 가난한 이웃을 사랑하며 더불어 살자고 결의했던 그 시간 이후, 실천과 도피라는 두 갈래 길에서 서로 다르게 내려갔고 34년이 지난 오늘의 결과는 확연히 다르게 나타났다. 한 사람은 모진 한파와 풍상을 겪으며 아름다움을 피워낸 매화처럼 살아왔고, 한 사람은 이국에서 목표도 없는 노동으로 기름진 음식을 먹으며 그날그날을 만족하며 살아왔다는 슬픔이 가슴을 때린다. 정부는 아우에게 오랫동안 농촌발전에 힘쓴 공로를 인정해 농어촌공사의 상임이사자리를 부여했다. 그리고 형은 이민을 가더니 무색하게 희망도 목표도 없이 룸펜처럼 살아갔다. 둘의 현실이 얼마나 대비되는가. 아우는 앞길이 보장된 자리에 앉아있음에도 불구하고, 흙이 그리워서 2년 후엔 다시 비나리 마을로 돌아갈 거라고 한다. 그리움도 나이가 있고, 나이가 들어가는 만큼 깊어지고 넓어진다고 했던가. 시간이 흘러도 서로를 잊지 않고 그리움을 가슴에 안고 살아왔기에 만날 수가 있었다. 간절했던 이날의 만남은 서로 큰 기쁨과 행복을 가져다준 날이었다. 살아가면서 우리 곁을 떠난 것들이 수없이 많지만 특별한 인연으로 생성된 그리움과 추억은 육신이 흙이 되어서도 사라지지 않는 영속성을 동반한다. 그러기에 잊지 못해 그리워하는 그리움이란 사랑과 더불어 세상에서 가장 아름다운 것이라 생각해 본다.

5

고국 방문 24일 동안 많은 지인들을 만났고, 공항으로 출발하기 전까지 가까웠던 대학동기들과 함께했다. 그리고 동기들은 나에게 진한 아쉬움을 전달한다. 또 다른 친구들은 공항까지 와 우리 부부를 배웅해 준다. 다음 방문 때는 지금보다 더 기력이 없어 만나는 사람들이 적어질 것이라고 생각하니 괴롭기만 하다. 그리고 늙어감과 죽음에 대해서 생각해 본다. '신은 생명을 조금씩 빼앗아감으로써 인간에게 은총을 베푼다. 이것이 노화의 유일한 미덕이다. 노화를 겪으며 조금씩 죽어온 덕분에 마지막 순간에 죽음이 완전하지도 고통스럽지도 않은 것이다. 그 상태에서 죽음은 그저 존재의 절반, 혹은 사 분의 일만 죽는 것이기 때문이다.'라는 몽테뉴의 수상록 내용이 떠오른다. 하지만 나이가 들어갈수록 타인에 대한 그리움은 점점 사라지고 결국 지난 시절을 꾸려왔던 나에 대한 그리움만 가지고 무덤으로 갈 것이다.

Ⅶ

발칸반도를 찾아서

낯선 사람들의 땅 발칸(Balkan)반도를 찾아서(1)

아드리아 해

1. 70만개의 벙커가 널려있는 나라 알바니아로 향하다

이번 발칸반도를 여행한 글을 정리하기 위해 의자에 앉자마자 초등학교 저학년시절이었던 1960년대 중반, 소위 인텔리라 불리었던 한 가수의 노래가 떠오른다.

인생은 나그네길
어디서 왔다가 어디로 가는가.
구름이 흘러가듯 떠돌다 가는 길에
정일랑 두지 말자 미련일랑 두지 말자
인생은 나그네길 구름이 흘러가듯
정처 없이 흘러서 간다.
인생은 벌거숭이
빈손으로 왔다가 빈손으로 가는가.
강물이 흘러가듯 여울져 가는 길에
정일랑 두지 말자 미련일랑 두지 말자
인생은 벌거숭이 강물이 흘러가듯
소리 없이 흘러서 간다.

최희준 - 〈하숙생〉

노랫말에는 시간 속에 스며든 인생이란 의미 없는 여정에 몸을 맡기고 최종적으로는 복잡함과 두려움이 뒤섞인 낯선 장소에 도달하는 것이 여행이라는 내용을 담고 있다. 암흑으로 뒤덮인 미지의 우주처럼, 복잡하고 확고한 것들이 없는 인생문제들을 조금이라도 알아내고자 수행하는 정신적인 여행도 있지만 이와 달리 육신을 다른 장소로 옮기는 물리적 여행도 있다. 수행과 같은 정신적 여행은 시공간을 구애받지 않고 무한(無限)과 유한을 넘나들며 나를 찾아 떠나는 것이라면, 어느 장소로 육신을 옮기는 물리적 여행은 한정된 시간과 제약된 공간에서 사물을 보는 것이다. 이러한 점에서 수행자와 같은 소수의 사람들이 무한이 집합되어 있는 공간으로 떠나는 정신적 여행보다는 시간과 물질만 있으면 용이하게 떠날 수 있는 물리적 여행을 대다수가 선호하고 선택한다. 아름다운 자연과 색다른 문화에 기대를 갖고 떠나는 물리적 여행, 그리고 일정을 마치고 일상으로 돌아와서도 다시 떠나고 싶은 것은 여행이라는 자체가 중독성을 갖고 있기 때문이다. 여행은 인식과 지식의 폭을 이전보다 넓게 제공하는 장점이 있기에 그 마력에서 벗어나기가 힘들다는 것이 많은 여행자들의 소견이다. 그러기에 여행자는 여행에서 얻어지는 이 기쁨을 놓치지 말고 겸허한 마음으로 자신을 돌아보는 성찰의 시간이 되어야 하는 것이 내 생각이다.
16개월이 넘도록 코로나 바이러스 감염이 전역을 뒤덮고, 이곳저곳 자유롭게 활보하던 생활은 뒷방의 늙은이 신세와 같이 따분하고 고된 시간으로 변한다. 예상했던 것보다 길어지는 연방정부의 통제에 몸과 마음은 점점 무기력해져만 가고, 의미 없는 일상을 벗어나기 위해 여러 방법을 모색하게 된다. 고민에 고민을 더한 끝에 현실을 벗어나기 위한 가장 적합한 방법은 여행이라는 생각이 들었다. 심사숙고 끝에 아내에게 “답답해 몇일간 유럽이나 남미에 머물다 오고 싶다”는 말을 했지만 아내는 “마음대로 왕래할 수 없는 외국에서 코로나 바이러스에 감염되기라도 하면 어떻게 감당할 것이냐. 유럽은 이곳보다 더하다는 뉴스가 연일 뜨는데 당신의 발상이 너무 경솔하지 않느냐?"며 푸념한다. William Shakespeare가 「Sonnet 73」 마지막 부분에서 "그대 이를 알기에 그대의 사랑 더 열렬해져, 머지않아 떠날 것을, 그대 더 깊이 사랑하리. This you perceives, which makes your love more strong, To love that well which you must leave before long."라고 읊었던가. 아내의 거센 불평에 사람과 대면하지 않는 등산과 낚시를 즐겨볼까 생각해 보았지만 나에게는 맞지 않는 취향이다. 답답하게 전개되는 현 상황을 벗어날 방법은 여행이 가장 적합하고 나의 취향이라는 결론을 내린다. 아니, 여행을 사랑하며 그리워하고 있다는 말이 옳을 것이다. 어느 곳으로 가야 할지 정하지 않았지만 뉴욕을 벗어나고 싶은 마음에 여행지를 찾아본다. 며칠이 지나고 문득 2018년 여름, 체코 프라하호텔에서 만난 Albania 선교사가 떠올랐다. 그리고 그곳을 방문해도 좋을지 통화를 했다. 만약 여의치 않으면 차선책으로 뉴욕에서 비행기를 타고 Chile의 수도 San Diego에 도착해 렌터카를 빌려 2,300마일(3,700Km) 떨어진 南美의 최남단 마을 Puerto William까지 내려가고, 올라올 때는 Argentine의 Buenos Aires를 거쳐 San Diego에 도착해 렌터카를 반납한 다음 New York으로 돌아오는 한 달간의 여행을 계획하고 있었다. 그런데 예상치 않게 방문을 환영한다는 선교사의 말에 이튿날 알바니아로 가는 비행기 표를 구매했다. 시간은 흐르는 것이라고 했던가. 출발 날짜는 어김없이 다가오고 아내가 JFK 공항까지 배웅을 해주겠다고 따라나선다. Luggage를 들고 집을 나서자 반려견이 따라 나와 계속해서 울어댄다. 반려견의 모습을 가슴에 담아두고 도착한 공항 로비는 한산했고, 항공사 카운터 앞에는 수속을 기다리는 여행객들이 삼삼오오 모여 잡담을 나눈다. Boarding을 위해서는 48시간 이전에 Testing한 PCR 서류와 App이 필요해 서두른다. 그리고 올라탄 Delta항공기에는 승객의 수가 1/3 정도밖에 안 되는 100여명 남짓. 일단 9시간을 날아 로마의 Leonardo da Vinci 공항에 도착해서 Alitalia Air로 환승해 알바니아 Tirana로 가야하는 여정이다. 비어있는 옆자리에 다리를 뻗고 잠을 청하고, 기내식도 거를 정도로 숙면에 빠져들었다. 얼마나 잤을까. Landing에서 나오는 타이어마찰음과 동체의 진동에 눈을 떠보니 아침 6시였고, 비행기는 이미 로마 레오나르도 다빈치 공항에 착륙해 정해진 터미널로 Taxing을 하고 있었다. 꼭 2년 만에 다시 온 영원한 젊은이의 도시 로마, 고대와 중세의 예술과 문화와 역사를 그대로 머금고 있는 로마는 내가 가장 좋아하는 도시다. 환승하기 위해 6시간의 Layover를 보내고, 티라나로 향하는 비행기에 올라탔다. 내려다보는 Adriatic Sea는 정신 혹은 영혼을 상징하는 청금석(lapis-lazuli)의 색상을 띠고 있었다. 많은 사람들은 파란색이 종교적 영감과 정결 같은 심신관계나 사회활동의 창조성, 그리고 사고에 대한 명료함과 냉정함에 의미를 부여하지만 내가 느끼는 파란색은 그저 심적 안정을 주기 때문에 좋아하는 것뿐이다.

더 나아가 색상전문가들의 평론에 의하면 파란색을 좋아하는 사람들 대부분은 지성적이며 단호한 성격, 그리고 자제심과 아름다운 언어적 감성을 가지고 있다고들 하는데, 역시 나와는 전혀 무관한 말들이다. 한 시간 반을 날아 도착한 Tirana의 Mother Teresa 국제공항. 머리 위에는 허한 구름만 두둥실 떠가고, 아내가 없이 홀로라고 생각하니 어깨가 움츠러지고, 흥(興)은 커녕 이번 여행을 제대로 할 수 있을지 걱정이 태산이다. 발을 내디딘 티라나 공항의 새 청사는 몇 년 전 독일의 자본으로 건축했다고 한다. 하지만 인구가 적은 탓에 티라나 국제공항 청사의 크기는 한국의 지방공항처럼 아기자기한 모양새다. 서유럽에서 외국인 노동자로 일하는 자국민들의 입국과 출국으로 인해 발 디딜 틈이 없다. 알바니아는 면적이 28,000km²에 인구는 290만 명, 1인당 국민소득이 미화 5,000불 정도로 나타나 있지만 EU에 가입하기 위한 허위통계이고, 실제로는 2021년 통계로 미화 3,500불 정도 된다고 한다. 그리고 북동부를 제외한 대부분의 지역이 지중해성 기후를 띠고 있다. 특이 할만 것은 1990 년까지 공산주의 국가였고, 냉전시대가 무너지면서 1991년 이후 급격히 자본주의로 이행하게 되었다. 이때 알바니아국민들은 자본주의 시스템을 전혀 이해하지 못했고, 자본주의의 경험이 없다는 것을 이용해 부패한 관료들, 그리고 서방의 마피아와 결탁한 다단계회사들이 대거 출현하게 된다. 알바니아 정부로부터 합법적으로 승인받은 다단계회사들은 고

수익을 보장한다며 국민들을 속이고, 이에 세계 경제사에도 유례가 없는 기괴한 일이 발생한다. 국민의 60%이상이 고수익을 보장한다는 감언이설에 빚까지 내어 투자하게 되는 일이 일어나고, 결국 다단계회사들이 돈만 챙긴 채 해외로 탈출해버리는 이른바 폰지 사기(Ponzi Scheme)가 26년 전인 1997년 초에 있었다. 농업이 주산업인 빈곤한 국가에서 폰지 사기로 인해 이전보다 더 빈곤해졌고, 당시 자본과 노동력을 창출할만한 마땅한 산업이 형성되어 있지 않은 터라 노동 가용한 세대들이 직장을 찾아 서유럽으로 이동하는 시기가 있었다. 2000년대 중반부터 고국으로 꾸준하게 외화를 송금하는 이른바 노동 디아스포라가 늘어나 어느 정도 경제가 회복되었다고 하지만, 아직도 폰지 사기의 여파가 잔존해 있다. 이러한 상황을 대변하듯, 작은 공항에는 해외에 직장을 갖고 있는 알바니아인이 대부분이었고, 소득이 높은 서유럽이나 심지어는 개발도상국인 그리스행 비행기에 탑승하려고 기다리거나 도착한 사람들로 붐비고 있었다. 청사 밖으로 나오니 알바니아 선교사가 반갑게 맞아주고, 포옹과 더불어 오늘을 기억하기 위해 공항청사를 배경으로 휴대폰셔터를 계속해서 눌러댄다. 늘 마주하지만 멀게 느껴지는 사람이 있고, 비록 생면부지(生面不知)이지만 오래토록 가슴에 남는 사람이 있듯이, 프라하에서 첫 대면한 후 3년 만에 동문선교사의 만남은 후자에 가깝다. 기억에 남는 여행이기를 기대하면서 차에 올라타고 3시간 정도 달려 그의 선교지 쿠커스(Kukës)에 도착한다. 2만 명도 안 되는 한국의 읍소재지 같은 이곳에 도착하자마자 주민들의 친절함에 여행 첫날부터 기분은 상당히 좋았다. 선교사 집에서 사모님이 정성껏 준비한 저녁식사를 마치고 늦은 밤까지 여행일정에 대해 조율을 했다. 다음날 아침 일정대로 냉전시대의 유고슬라비아의 한 지방이었던 그리고 한국군이 평화유지군으로 주둔했던 코소보(Kosovo)로 향한다.

알바니아 - 코소보 국경검문소

2. 미국 전 대통령 빌 클린턴을 사랑하는 UN의 미승인국가 코소보

발칸반도는 유럽 동남부에 위치해 있고, 1991년까지 유고슬라비아 사회주의 연방이었던 크로아티아, 슬로베니아, 북 마케도니아, 보스니아-헤르체고비나와 1년 늦은 1992년에 신유고연방을 선언한 몬테네그로, 세르비아가 있다. 그리고 옛 유고슬라비아 사회주의 연방 주위에는 이탈리아, 오스트리아, 헝가리, 알바니아, 루마니아, 불가리아, 그리스 등이 둘러쌓고 있다. 오늘 가고 있는 코소보(Kosovo)는 같은 유고사회주의 연방이었지만 UN으로부터 아직 국가로써 인정받지 못한 미승인국가이다. 면적은 남한의 1/10인 10,900km² 정도에 인구는 200만 명이지만 민족구성으로 보면 94%가 알바니아인이 자치하고 있기에 또 다른 알바니아라고 불리고 있다. 언어 또한 알바니아어가 통용되기에 알바니아와 전혀 이질감이 없다고 한다. 이

코소보 프리즈렌 Prizren

나라의 종교인 분포도를 보면 이슬람교도가 다른 나라보다 월등히 높은 96%를 차지하고 나머지 4%는 세르비아 정교회와 알바니아 가톨릭교도이다. 선교사가 거주하는 알바니아 쿠커스(Kukës)에서 좁은 산길도로를 따라 한 시간 만에 Kosovo에 들어서고, 이어 프리즈렌(Prizren) 올드타운(Old Town)에 도착하자마자 개울 넘어 언덕에 그리 크지 않은 모스크에서 마치 불교의 염불 같은 엄숙한 기도문이 온 주위에 울려 퍼지고, 이질감을 전혀 느끼지 않을 정도로 은은한 음색이 고막을 건드린다. 마음을 정화시키는 기도문이 흘러나오는 시간은 오후 한 시로 5차례 기도시간 중 세 번째에 해당하지만 메카나 이 모스크를 향해 엎드리는 사람은 하나도 보이지 않는다. 종교를 아편으로 보는 공산주의 전통이 30년이 지난 지금까지 잔존해 있는 것 같은 분위기다. 솔직히 말하면 그 시각 사람들 얼굴에는 무슨 종교가 필요하냐는 모습이다. 북적이는 Old Town 재래시장 한쪽 카페에 앉아 있는 사람들은 더위를 핑계 삼아 맥주를 들이키고, 거리를 걸으며 담배를 꼬나 물고 있는 사람들이 적지 않게 눈에 띈다. 경전인 코란(Koran)의 가르침대로 살아가는 중동지역의 무슬림과 달리, 이들은 말만 무슬림이지 서구사회처럼 종교를 문화의 한 부분 받아들이며 살아가고 있는 모습이다. 그리고 그들은 주체성을 말살시키는 종교에 얽매이지 않고 확고하게 자기 방식대로 살아간다는 것을 행동에서 느꼈다. 이에 반해 시대가 변했음에도 아직도 한국교회는 1800년대에 미국

선교사들이 심어 놓은 보수경건주의 신앙에 머물러 있다. 보수경건주의는 화형과 같은 비인도적인 종교재판이 성행하던 중세 유럽종교사회를 토대로 하고 있다. 사람마다 성품이 다른데도 불구하고 온유하며 경건하게 생활하라는 말은 무조건 교리와 말씀에 복종하며 살아가라는 강압과 강요에 불과하다. 마치 중화인민공화국이나 러시아에서 범법자들을 교화라는 명목아래 교도관들이 폭력을 행사하는 것처럼. 1800년대 말 당시 미국교회는 해외로 파송할 선교사들을 세 등급으로 나누었고, 이에 땅이 넓은 나라였던 중국이나 인도에 파송된 선교사는 1등급, 일본처럼 작지만 발전하고 있는 나라엔 2등급의 선교사, 과학이 발전하지 못한 조선은 미개국으로 분류되어 최하위인 3등급 선교사가 파송되었다. 1, 2등급으로 매겨진 선교사들은 파송된 나라의 문화를 건드리지 않고 그 속에 기독교가 자리잡아 가도록 힘을 쏟았다. 한마디로 기독교 문화를 강요하지 않았다는 것이다. 하지만 조선에 파송된 선교사들은 우리가 지켜온 문화를 무시하고 보수경건주의의 종교문화를 강조 했기에 아직도 그 여파가 남아있다. 지금도 무식한 선교사들의 교육으로 인해 교인들의 주초(酒草)문제 같은 사생활이 왈가왈부되며 정죄시하는 경향으로 나타나고 있다. 이 말은 전 세계에서 아무 문제가 없는 것들이 오로지 한국에서만 금기시되며 성도들의 목을 조인다는 말이다. 개신교가 조선 땅에 상륙한 1884년 이후로 미국선교사들이 강조했던 내용은 '자유(自由)가 믿음 약한 자를 넘어지게 만드는 걸림돌이 될 수 있음을 명심하라'는 고린도전서 8장 9-12절이다. 아직도 한국교회는 당시의 미국 선교사들의 가르침을 신앙의 근간으로 받아드리고 있고, 이것은 신앙의 절대 기준이며 불문율로 되어있다. 시대에 따라 관대함과 조화가 아닌 속박의 신앙으로 성도들을 옭아매려는 한국교회의 교리와 설교는 점점 사회로부터 도태되는 자충수를 두고 있으며, 젊은 세대들에게는 고리타분한 옛 시대의 종교관습으로 인식되어 점차 거리를 두거나 혹은 교회를 등지는 경향이 있다는 것을 목회자들은 간과하고 있다. 시민이 있어야 국가가 운영될 수 있고, 성도가 있어야 교회도 존재할 수 있다는 것을 모르는 무지하고 완고한 목회자들 때문에 한국 기독교는 사양의 길로 접어들고 있다. 현재 잘못된 종교교리나 교회에서 통용되는 관습이 사람을 접근하지 못하게 카테고리화 되었다면 몇 십 년 후에는 성도들이 얼마나 남아있을까. '아전인수(我田引水)', 혹은 '지록위마(指鹿爲馬)'라고 했던가. 보수경건주의가 구원의 근간이 아니며, 기독교의 본질이 아님에도 아직도 주초문제나 천성인 인격의 문제로 구원타령을 하는 목회자들을 보면 참으로 답답한 마음 금할 길 없다. 오히려 교회로부터 비난이나 정죄 받고 있는 자들이 아니라 강단에 서는 목회자 자신들이 구원의 확신이 없어 문제를 일으키는 것이 아닌지 의구심을 가질 때가 있다. 이러한 목회자들이 과거에나 지금이나 존재하고 있다는 사실은 십계명을 해석하고 재해석해서 613개로 세분화함으로 구원의 길을 막아버린 바리새인들과 같고, 부처님 오신 날에 한국불교 총본산인 조계사 앞에서 "예수천국 불신지옥"을 외치며 타종교에 대해 존중할 줄 모르는 얼빠진 인간들과 같다. 나는 이들처럼 제도교회의 교리와 신앙에 얽매여 함량미달의 신앙생활을 하기 보다는 차라리 교회를 멀리하고 내 스스로 성경에 나타난 하나님만 믿는 자유인이 되고 싶다. 둘러본 Prizren Old Town의 재래시장은 지금의 한국 재래시장과 흡사했지만 규모는 상당히 작아 마치 5일장터에 천막을 치고 장사하는 느낌을 받았다. 역사는 일회성이기에 가정이 없다고 하지만 유고슬라비아 연방이 해체되던 1991년, 만약 코소보에서 알바니아계와 세르비아계 민족이 종교와 정치 갈등으로 인한 내전을 촉발되지 않았더라면 지금은 상당히 발전되어 1인당 국민 소득이

21,000불에 올라있는 그리스정도 되었을 거라는 생각을 해보았다. 그 이유가 1인당 소득이 3-4,000불로 1980년대 중반 당시의 한국과 비슷한 소득이지만 지금 이곳 재래시장에서 일어나고 있는 거래의 역동성 때문이었다. 당시의 한국에서는 저축과 비상시를 대비해 여윳돈이 있어야 한다는 개념이 강했고, 이로 인해 가정마다 허리끈을 조여 매는 절약과 저축생활이 다반사였기에 소비가 그다지 활성화 되지 않았다. 코소보사람들은 이러한 개념이 느슨해서인지 구매력(purchasing power)이 내가 기억하고 있는 당시의 한국보다 강하게 나타나 보였다. 지금도 물건을 고르고 또 고르며, 고른 뒤에도 같은 품목의 가격을 비교하며 구매할까 포기할까 숙고하는 한국인과 달리, 생활에 필요하지 않아도 마음에 들면 물건을 집어드는 소비성향이 강하다는 것을 눈치 챘기 때문이다. 다음 행선지를 향해 차에 올라서고, 차 안에서 동문선교사로부터 코소보에 대한 역사와 문화에 대해서 간략하게 듣는다. 비좁은 산길을 따라 달리는 차창 밖으로 백설 같은 허한 구름이 바람결에 맞춰 두둥실 흘러가고 별안간 흰 구름이라는 헤르만 헷세의 시가 머릿속을 스쳐지나간다.

오, 보라!
오늘도 흰 구름은 흐른다.
잊힌 고운 노래의

나직한 멜로디처럼
푸른 하늘 저편으로 흘러만 간다.
기나긴 방랑 끝에
온갖 슬픔과 기쁨을
사무치게 맛본 자만이
저 구름의 심정을 이해할 수 있으리라
햇빛과 바다와 바람과 같이
가없이 맑은 것들을 난 사랑한다.
그것은 고향 떠난 나그네의
누이이며 천사이기에

Hermann Hesse - 「wölken」

바람따라 이리저리 덧없이 떠돌다 이내 흔적도 없이 사라지는 구름. 돌고 돌다 다시 허(虛)라는 원점으로 돌아오는 것이 인생사라 생각하니 비수가 꽂힌 것처럼 가슴이 아프다. 1시간 40분을 달려 도착한 비소키 데차니(Visoki Dečani) 수도원은 가파른 산으로 둘러싸여 있고, 입구에는 NATO 평화유지군 소속의 이탈리아군과 오스트리아군 몇 명이 지키고 있었다. 수도원에 들어설 찰나 공교롭게도 좁은 계곡을 따라 몰이하던 젊은 치기와 한 무리의 염소 떼가 눈에 띄었다. 미국 남부와 서부에서 카우보이들이 말을 타고 소몰이를 하는 장면을 보았지만, 보행으로 이루어지는 몰이는 앞으로도 보기 힘들 것 같아 젊은 염소치기에게 사진을 찍어도 되느냐고 양해를 구했고, 흔쾌히 수

코소보 염소치기

락하며 상당히 익숙한 자세로 새끼염소를 쓰다듬어주는 포즈를 취해주었다. 다가가서 자세히 본 염소들은 미국과 한국에서 볼 수 없었던 어두운 갈색 털에 윤기가 흐르고 있었고, 쓰다듬어 보니 거친 일반 염소 털에 비해서 앙골라 토끼의 털처럼 촉감이 부드러웠다. 이어 새끼염소가 너무 귀여워 부둥켜안으려 하자 낯선 사람이라 놀래서 그랬는지 재빨리 무리의 안쪽으로 파고 들어가 버린다. 험한 계곡을 따라 올라가는 젊은 치기의 등에는 작은 Backpack을 맨 것으로 보아 멀지 않은 곳에 축사와 거주지가 있는 것으로 느껴졌다. 수도원초소에서 보초를 서고 있는 2명의 평화유지군에게 신분증을 제시한 후, 안으로 들어가니 동양과 서양의 건축예술을 혼합한 건물이 눈에 들어왔다. 어디서 많이 본 익숙한 건물인데 기억하려해도 도저히 떠오르지

코소보 기독교수도원

않는다. 한참을 지나 교회에서 발간하는 달력에서 보았던 기억이 떠오르고, 기억하고 있던 내용을 말을 했더니 곧바로 동문 선교사가 자세하게 설명을 해준다. 이곳은 1327년부터 1335년까지 세르비아의 스테판 데찬스키(Stefan Dečanski)왕에 의해 세워진 세르비아 정교회 수도원이며, 이 수도원 전체가 2004년 유네스코가 지정한 세계유산에 등재되어 있다는 말. 그리고 이슬람 국가답게 코소보에는 이슬람 수도원은 수 없이 널려 있지만 기독교 수도원은 몇 개 되지 않는다는 말과 함께, 이슬람교도들이 프레스코화로 유명한 이 수도원을 파괴하려고 몇 번을 시도했지만 기독교인들의 저항에 부딪쳐 실패했다고 한다. 급기야는 이 수도원을 보호하기 위해 NATO에서 평화유지군을 파견했다고 한다. 인간의 문화유산인 역사적 건축물을 파괴했던 대표적인 종족은 서로마를 멸망시켰던 게르만족, 그리고 임진왜란은 물론 을사늑약에서부터 해방이 될 때까지 국보급 건축물들을 파괴해 흔적을 지웠으며, 온갖 보물급 문화재를 약탈해간 왜인들이다. 또한 중남미의 마야, 아스테카, 잉카제국들의 유물을 탈취했던 중세의 스페인과 포르투갈 뿐 아니라, 근대에 와서 식민지 경영에 1, 2위를 차지했던 영국이나 프랑스는 이집트나 인도, 에게海(Aegean Sea) 문명의 중심이었던 그리스, 오스만 튀르크, 중국유물 등 여러 나라에서 다양한 문화재는 탈취했지만 일본처럼 흔적도 없이 파괴하는 일은 결코 없었다. 그 문화재들은 자국의 대영박물관(The British Museum)이나 루브르박물관(Louvre Museum)에 고스란히 전시해 놓고 있어 그나마 당시의 흔적이라도 더듬어 볼 수 있어 다행이다. 하지만 일본인들은 경복궁의 수많은 전각을 훼파시킨 다음 본국으로 가져가 국민들에게 나누어 주는 등 한국의 대표적인 문화재들을 철저히 파괴하고, 더 나아가 한민족의 얼을 말살하고자 총독부 산하 헌병과 경찰들의 무단통치와 조선어 사용금지, 우민화정책으로 조선사교육에 식민사관을 확립하려고 혼신을 다했다. 이것도 모자라 황국시민 서사, 궁성요배와 창씨개명의 정책을 강압적으로 실행하며 한겨레에게 고통을 주었던 일본인들의 악행은 세계 유례를 찾아볼 수 없다. 식민지 국가에게 아물 수 없는 엄청난 고통과 상처를 주었지만 독일처럼 용서를 구하는 모습은 커녕 아직도 한국침략의 역사를 당연한 것처럼 호도하고 있다. 또한 일본은 우리 국토였던 간도와 연해주를 중국과 소련에 넘겨주었고, 남북분단의 원인도 이들이 제공했지만 반성조차하지 않는다. 우경화 되어버린 일본국민들은 파괴와 파멸의 신 페르세스(Perses)의 피가 흐르는 후손들이라고 하면 내 생각이 과격한 것일까? 그들이 역사를 부정하면 부정할수록, 그리고 국민들이 극우성향으로 치우치면 치우칠수록 일본은 아웃사이더가 되어 국제사회조직 밖에서 이를 갈며 통곡하는 신세로 전락할 것이 분명하다. 또다시 발길을 돌려야 할 시간 비소키 데찬(Visoki Deçan)수도원을 떠나 파예(Pajë)를 거쳐 '검은 산'이라는 뜻을 가진 Montenegro의 국경에 도달한다. 알바니아에서 코소보로 들어올 때는 여권만 보고 입국을 허가했지만, 코소보에서 몬테네그로로 입국할 때는 여권은 물론 72시간 안에 받은 코로나 음성반응 확인서(PCR)와 미국 질병관리본부 CDC에서 발행한 COVID-19 Vaccination Record Card까지 보자고 요구한다. 국경경찰이 요구하는 서류가 다 준비되어 있는 나와 달리, 동문선교사에게는 음성반응 확인서만 있고 백신을 맞았다는 카드가 없어 입국이 거절될 것 같은 분위기였다. 시간은 흘러가고 동문선교사가 유창한 알바니아어와 세르비아 말을 섞어가며 "백신주사를 1차만 맞고 2차는 아직 대기하고 있는 상황인데 어찌하겠느냐? 얼마 전엔 백신카드가 없이도 국경을 통과했는데 갑자기 백신카드를 요구하면 어떡하냐? 미국에서 온 손님도 있는데 입국을 허용해 달라"며 정중한 태도로 어르고 달래기를 15분, 조마조마한 마음으로 두 사람의 대화모습을 바라보고 있는데, 마침 상관으로 보이는 경찰이 건물 안으로 들어와 우리가 제출한 서류를 훑어보더니 입국을 시키라는 말을 한다. 가까스로 국경을 넘었고, 곧바로 4시간 남짓 거리에 있는 수도(首都) 포드고리차(Podgorica)로 향했다. 포드고리차는 몬테네그로의 정치, 경제, 교육, 문화의 중심지이며 인구의 30%가 이곳에 거주하고 있다.

코소보 -몬테네그로 국경

3. 발칸의 관광소국(小國) 몬테네그로

지도를 보니 코소보의 비소키 데찬 수도원에서 포드고리차까지의 거리는 240Km인데도 불구하고 시간이 많이 걸렸다. 이유는 중요한 산업기반인 도로망이 부족한데다 도심을 제외하고는 거의 편도 1차선이기 때문이다. 더구나 발칸반도는 70%인 한국보다 산지가 더 많은 산악 국가들이라서 도로를 확충하거나 신설하는데 많은 시간을 투자해야 할 뿐 아니라, 재정을 부담할 수가 없어 과거의 도로를 그대로 사용하고 있다는 느낌을 받았다. 포드고리차에 도착하니 이미 어스름이 내려앉아 있고, 숙소에 도착해 짐을 풀고 곧바로 거리로 나갔다. 숙소에서 그리 멀지 않은 곳에 고급스럽게 보이는 레스토랑이 있어 들어가 의자에 엉덩이를 붙인다. 언어에는 문외한이지만 옆 식탁에 있는 사람들의 대화에 귀를 기우려보니 알바니아 언어와 조금 다른 느낌이 들어 동문선교사에게 물어보니 이 나라는 몬테네그로, 크로아티아, 보스니아, 알바니아, 세르비아 어(語) 등 다섯 나라의 언어를 공용어로 사용하고 있고, 민족으로는 몬테네그로 사람이 과반수를 차지하며 나머지는 세르비아인과 알바니아인이라고 한다. 그리고 종교는 정교회 교도가 3/4정도 되며 나머지는 이슬람과 가톨릭교도라는 것도 알려준다. 일인당 명목소득이 미화 8,000불로 알바니아와 코소보보다 2배가량 높아서 그런지 신체나 복장들도 더 좋아 보이고 거리의 차들도 신형에

몬테네그로 수도 Podgorica

가까운 것들이 많았다. 면적은 14,000㎢로 남한 면적의 13%에 인구는 63만 명에 불과하지만 관광이 주요산업인 나라답게 서유럽에서 관광 온 사람들이 눈에 많이 띄었다. 거리에서나 식당에서도 남유럽사람들은 한국 사람들에 비해 작고 왜소하다는 느낌을 받았다. 남유럽인의 특징은 약간 그을린 피부지만, 움푹 파인 서구인의 얼굴처럼 입체적이지도 않고 오히려 동양인과 서양인의 중간쯤 되는 얼굴과 체형을 띄고 있다. 고급스런 닭고기요리를 주문해 먹었는데도 두 사람의 식사비용이 20Euro 정도 밖에 되지 않았다. 뉴욕에 비하면 1/4~1/5 비용이다. 지불수단으로 자국의 Lak만 받는 알바니아보다는 Euro화를 통용화폐로 사용하는 몬테네그로와 코소보가 편리하게 느껴졌다. 식사를 하면서 동문선교사로부터 상세한 몬테네그로의 역사와 문화, 그리고 국기와 휘장에 대해서 들었다. 독수리 휘장은 로마를 시작으로, 현재는 독일이나 오스트리아 등 많은 유럽 국가에서 사용하고 있다. 그런데 알바니아와 몬테네그로 국기와 휘장에는 다른 유럽국기와 다르게 쌍두(雙頭)독수리이다. 더불어 동문선교사와 식사를 하면서 주고받는 사적인 대화내용은 선교에 관한 이야기이다. 알바니아 선교에 대한 고충을 듣다 보니 내가 30년 전 필리핀 선교사로 파송되어 생활했던 때가 훨씬 수월했다는 생각이 든다. 알바니아선교지가 열악해도 자신들이 선택한 문제라 후회하거나 탓할 수 없지만, 중요한 사실은 자녀들이 한국인인지 알바니아인인지 확고하게 정체성을 심어줘야 하고 그에 따른 교육문제이다. 이 말은 자녀들이 나이가 들어갈수록 정체성이 모호해지면 안 되기에 어릴 적부터 올바른 선택을 할 수 있도록 부모의 역할이 절대적이라는 말이다. 동문 선교사는 자녀들을 현지 초등학교를 보냈고, 올 가을 중학교에 가야 하는 큰 아들은 국제학교에 보낼 예정이라고 한다. 학교를 다니면서 스스로 정체성을 택할 수 있도록 기회를 주고 싶다는 의도이라고 한다. 한국에 파송된 미국선교사의 4대 후손인 인요한(John A. Linton)씨도 성장해 가며 스스로 자신의 정체성을 묻게 되었고, 결국 국적에 상관없이 한국인으로 살아가기를 결정한 다음, 지금은 세브란스병원 외국인진료소장으로 의료 활동을 하고 있다. 4대에 걸친 인요한의 가계가 그랬듯, 외국에 거주하는 부모의 입장에서는 자녀가 어떤 정체성을 갖느냐는 것만큼 중요한 심사도 없을 것 같다. 선교사의 가정을 보면서 우리 두 아이들의 어린 시절이 떠올랐다. 부모가 한국인이기에 자식들도 한국인의 정체성을 갖기 원했지만, 초등학교에 입학하자마자 이미 미국인의 정체성을 갖고 있었다. 당시 두 아이의 의견을 존중했던 것은 한국이 아닌 평생을 미국에서 살아가야 하기 때문이었다. 7년 전쯤, SNS에서 어느 동문 목사가 내 아이들이 모국어도 그리고 한국인의 정체성도 없는 미국인으로 만들어버렸다고 나를 거친 어조로 비난한 적이 있었다. 그리고 학창시절 미국타도를 외치던 내가 하필 호주도 캐나다도 아닌 미국으로 이민을 갔냐는 유치한 말도 하면서. 26년 전 내가 이민을 택했던 이유는 제도권교회에서 생존할 수 있는 능력이 없었기 때문이다. 무대포로 쏘아대는 그의 비난의 댓글을 보았던 어느 후배는 나를 위로하면서 "자기 아이들을 미국으로 유학을 보내려고 했고, 유학을 마치면 미국에 정착하기를 바랬다. 나를 비난할 자격도 없는 사람이 그런 말을 하는 것 자체가 미국에 대한 콤플렉스를 갖고 있는 것 같다"고. 자녀는 부모의 소유물이 아닌 인격체이며, 정체성은 인격체인 자녀들 스스로가 선택해야하는 사안이다. 정중지와(井中之蛙)라는 고사내용같이, 우물 안의 개구리는 호수와 개울은커녕 논밭도 보지 못해 그 환경을 전혀 알 수 없다. 다른 사람이 처해있는 환경을 알지 못하면서 왈가왈부하는 사람은 바보 천치다. 식탁에서 동문선교사와 대화는 점점 깊어가고 어느새 자정이 가까워 오고 있었다. 고민하고 있는 그의 모습을 보며, 이미 경험한 사람으로서 아이들의 선택을 중요시하는 당신의 교육방법에 동의한다는 말을 마치고 자리에서 일어섰다.

4. Kotor의 올드 타운이 내려다보이는 산성을 오르다.

눈을 뜨자마자 자리를 박차고 일어나 서둘러 떠날 준비를 하지만 어제 장거리 운전에 피곤했는지 동문선교사가 아직 일어나지 않는다. 깨어나기를 기다리며, 핸드폰을 열어 이것저것 보다가 가슴 싸한 글이 눈에 들어온다.

Some things, once you've loved them, become yours forever.
And if you try to let them go
they only circle back and return to you.
They become part of who you are or they destroy you.

한때 네가 사랑했던 어떤 것들은 영원히 너의 것이 된다.
만약 네가 그것들을 떠나보낸다 해도
그것들은 원을 그리며 너에게 돌아온다.
그것들은 너 자신의 일부가 되거나 혹은 너를 파괴하거나.

Allen Ginsberg - 〈Some things〉

이 글의 내용을 보면 살아간다는 것은 순간순간의 어떠한 것들의 만남이다. 그 만남은 동경했던 세계, 만나고 싶지 않은 세상, 사랑하는 사람, 만나도 반갑지 않는 사람들이나 사건이다. 하지만 이미 만난 이것들은 떠나있거나 사라진 것이 아니라 정신 속에 불안전한 파동으로 항상 남아 있어 언제나 그 주위를 맴돌고 있는 것이고, 또한 잊으려 해도 잊히지 않고 내 주위를 돌고 돌다 때가 되면 결국 영혼의 한 구석에 자리를 잡고 안주한다는 뜻이다. 안주한 그것들은 나의 행복이 되거나 혹은 파멸로 몰고 가거나 둘 중 하나라는 의미에서, 사람을 향한 미움없이 살아가는 것이 오히려 아름다운 것이라고 나름 해석해 본다. 세상을 살아오면서 좋던 싫던 내 속에 남아 있는 것들은 명경(明鏡)에 비춰진 형상과 같다. 우리가 들이마셔야 하고 내뱉어야하는 숨은 생명이며 몸의 활동이듯, 세상 것을 받아드리고 세월이 지나면 잊어버려야 살아있을 동안 생활이 지속적으로 유지될 수 있는 것이다. 받아드림과 내보냄은 결국 '없음'과 같다. Allen Ginsberg의 글을 읽어보며 모든 것이 영원히 존재할 수 없고 또 내 것이 될 수 없듯, 그저 만남으로 인해 내 안에 들어온 것이 영원하거나 다 내 것이 될 수 없기에 숨결처럼 받아드리되 내보내기도 해야 하는 것이 삶이라는 것을 깨닫는다. 그것이 너는 '너' 답고 '나'는 나다운 모습으로 만들기 때문이다. 비트세대(Beat Generation)의 작가인 Allen Ginsberg의 글을 들여다보며 이런저런 생각들을 해보다 서둘러 다음 행선

몬테네그로 Kotor 성과 시내

지인 Kotor로 향한다. 출발한지 반시간도 되지 않아 영화에서나 나올 법한 드라마틱한 산해(山海)의 배경이 끝없이 이어지고, 수평선이 끝없이 이어진 암녹색(Jungle Green)으로 둘러싸인 산맥과 험산고봉(險山高峰)들이 내 넋을 압도한다. 달리는 시간 내내 경이로운 자연에 혼절하다시피하고, 한편으로는 쉴 새 없이 교체되는 배경을 보면 볼수록 안타까움이 더한다. 그것은 자연은 신의 선물이며 인간은 그 자연의 일부이라는 것을 깨닫지 못하는 사람들 때문이다. 마치 주인의 물건을 무탈하게 지켜야 하는 종의 역할처럼, 피조물인 인간은 신의 소유인 자연을 파괴하지 않고 잘 보존하여 다음세대에게 온전히 이전해줘야 할 의무가 있음에도 개발이란 이름 아래 파괴에 몰두하는 우를 범하고 있다. '우선 먹기에는 곶감이 달다'는 속담처럼, 현세대의 이기심은 풍요를 요구하고, 다음 세대의 생존에 대해서는 무관심하다. 그러기에 인간이 원하는 풍요의 본질은 생명에 대한 가해와 죽음이다. 이런 점에서 지구의 허파와 같은 삼림개발이나 대기의 오존층을 파괴하는 화석연료를 줄이고, 무분별한 핵발전소 건설은 지양(止揚)해야 한다. 소비로 인한 폐기물을 양산해내는 인구증가는 물론이고, 지금처럼 자연개발이 가속화된다면 2070년대엔 지구가 종말을 맞이할 것이라는 환경학자들의 말을 떠올려본다. 요즘 Wellbeing 시대다 100세 시대다는 말은 부질없는 환상이다. 인구증가는 어쩔 수 없다고 하지만, 세계인이 물질문명에 취해서 살아가기 보다는 지금이라도 자연과 함께 사는 삶을 추구해보기를 소망한다. 이런저런 생각이 머릿속에 머물고, 드디어 도착한 Kotor Old Town, 그리고 고색창연한 석조건물들이 열렬로 줄지어 보행하는 나에게 인사를 한다. 물비늘이 끝없이 늘어져 있는 잔잔한 Kotor만(灣)과 포구에 정박한 하얀 배들을 보니 별안간 찬송가가 떠올라 불러본다. "곤한 내 영혼 편히 쉴 곳과 풍랑일어도 안전한 포구. 폭풍까지도 다스리시는 주의 영원 팔 의지해. 주의 영원한 팔 함께 하사 항상 나를 붙드시니, 어느 곳에 가든지 요동하지 않음은 주의 팔을 의지함이라". 어깨에 내리꽂히는 여름햇살, 마치 성하지절의 대낮처럼 지글거리는 태양. 강렬한 태양 볕을 피해 고

몬테네그로 Kotor 산성

양이와 견공들이 커다란 나무 밑에 한가롭게 누워있다. 복사열이 오글거리는 거리를 지나 성(聖) 지오반니(San Giovanni) 산성(citadel)을 향해 걷는다. 유네스코 세계문화유산으로 등록된 이 산성(citadel)은 12-14세기에 걸쳐 세르비아인에 의해 세워졌다. 해발 265미터에 위치해 있으며 성 둘레가 5Km 정도 되는 비교적 큰 산성이다. 오르는 사람은 몇 보이지 않고 따분한 시간을 때우고자 〈Hotel California〉, 〈Yesterday〉, 〈Let It Be〉, 〈My Way〉등 흘러간 팝송과 1970-80년대에 유행했던 한국가요를 신나게 부르며 올라간다. 한 걸음도 멈추지 않고 오르기를 35분, 도착한 곳은 'Ladder of Kotor'로 명명된 사다리 성이다. 성내(城內)에 들어서니 3명의 백인가족만 보일 뿐, 시골풍경 처럼 한가하기만 하다. 바위에 한 숨을 돌린 다음 유럽 최남단의 피오르드(fjord)를 담기 위해 셀 폰을 꺼내고 있을 때, 마치 지인을 만난 것처럼 반가운 모습으로 다가오는 백인소년이 "당신 혼자 올라온 것 같은데 피오르드를 배경으로 사진을 찍고 싶으냐?" 물어오고, "그렇다. 진심으로 감사하다"는 대답을 하고 셀 폰을 맡겼다. 그리고 "반가운 마음에 어디서 왔느냐?"고 물어보니 옆에 있던 어머니가 아들 대신 "콜로라도 덴버에서 왔다"고 답변을 한다. 아무리 보아도 말투나 행동이 지식인처럼 보이는 어머니, 그리고 어머니와 이야기하고 있을 동안 옆에 서있는 아들과 딸도 역시 행동 하나하나가 예의를 갖추고 있는 모습이다. 그들이 내가 어디서 왔는지 궁금해 할 것 같아 Korean American이며 뉴욕에서 왔다고 말을 했더니, 뉴욕사람들이 좋아하는 야구팀 모자를 쓰고 있어 이미 그쪽에서 온 걸로 짐작했다고 말한다. 이런 저런 이야기를 하다 뒤늦게 동문선교사가 아래서 기다리고 있다는 것을 깨닫고 서둘러 "당신 가족을 만난 것은 행운이며, 당신 가족의 여정에 하나님이 함께 하시기를 바란다. 미국에 돌아가서도 항상 행복하고 건강하기를 바란다."는 말을 건네주고 급히 내려간다. '올라갈 때는 그가 나이더니 내려올 때는 내가 그이더라'는 말이 있듯이, 위에만 보며 올라갈 때는 오로지 정상에 있는 성 밖에 안 보이더니 내려올 때는 코발트색 하늘과 바다, 입구주위에 있는 건물과 자동차, 그리고 보행자들의 세세한 모습까지도 훤히 보인다.

내려올 때 보았네.
올라갈 때 보지 못한 그 꽃.

고은 - 〈그 꽃〉

내려옴이 오름으로 반추되고, 등 뒤에 있던 아름다운 만(灣)과 피오르드를 까맣게 잊어버리고 오로지 정상에 오르는 것에 몰두한 어리석음을 깨닫는다. 숨이 차오를 때, 잠시 보행을 멈추고 아름다운 자연과 교감이라도 했으면 얼마나 좋았을까. 정상을 향해 걸음을 재촉했을 뿐, 잠시 멈춰 걸어온 길을 뒤돌아보지 못한 나의 욕심을 들여다본다. 아니, 나의 편협한 인간성을 본다. 목적만을 위해 오르는 사람은 주위 환경을 보지 못한다. 하지만 목적을 이루고 내려갈 때 비로소 보이는 세상은 과거가 사라지고 없는 현재의 것을 보는 것이다. 더불어 자식들에게 양질의 교육을 시키려면 돈이 필요하다며 매일같이 오버타임(Overtime)을 하고, 정해진 휴일에도 쉬지 않고 노동하며 살아온 지난 시간들을 떠올려본다. 숨 가쁘게 달려온 날들을 돌이켜보면서, 당연히 누려야 할 나만의 시간이 자식들로 인해 속절없이 소멸되어버렸다는 생각에 가슴이 저리다. 이어 세상사 오를 때가 있으면 반드시 내려올 때도 있다는 것이 불변의 진리라는 것을 다시 한 번 깨달으며 출발했던 성 입구로 되돌아온다. 정

오가 다 되어가는 시간, 아침을 거르고 격한 운동을 한 탓에 허기가 급작스레 몰려오고, 프라이드치킨 전문점을 찾았다. 들어선 가게는 작지만 치킨 요리가 맛있을 것 같은 직감이 온다. 튀긴 닭 날개를 주문하고, 우리의 음식을 만들기 위해 보행기에 있는 아이를 홀에 놓고 주방으로 들어간 젊은 주인 부부를 보며 마치 1960-1980년대에 포장마차에서 아기를 업은 채 국수를 말아주던 아낙네들이 떠올라 마음이 애잔하다 못해 슬프다. 개도국이었던 우리나라도 예전엔 그랬듯이 이곳 사람들도 똑같은 과정을 겪고 있는 모습이다. 몬테네그로에서 두 번째 먹어보는 Kotor의 치킨 날개(Chicken Wing)은 참으로 일미였고, 이 맛이면 어느 나라에서든 통할 수 있다는 생각이 들었다. 품

평은 닭장에 가두어 키운 닭이 아닌 풀어놓고 키운 닭이기에 맛이 있었고, 육질은 약간 질기지만 먹기에는 적당한 크기였다. 미국 마트에 출시된 닭들은 99.99%가 어둡고 밀폐된 공간에 가두어 항생제를 첨가한 사료를 먹이고, 칠면조만큼 크도록 유전자 조작한 닭요리가 식탁에 오르는 형편이다. 미국에서는 칠면조인지 닭인지 먹어봐야만 비로소 알 수 있다는 우스갯소리가 돌 정도면 말 다한 것이 아니겠는가. 얼마나 큰지 성체가 된 닭이 강아지가 싸우면 이긴다는 말이 허튼 소리는 아니다. 이 뿐 아니라 유전자변형 농산물(Genetically Modified Organism)은 더하다. 유전자조작은 네브라스카주(Nebraska State)에 본사를 두고 활동하는 몬산토(Monsanto)기업에 의해 대부분 자행되고 있다. 가공식품인 마가린과 마요네즈는 물론 두류, 토마토, 옥수수, 깨, 올리브, 포도, 호박, 오이, 양배

추, 수박, 상추, 브로콜리, 블랙베리, 블루베리, 딸기 같은 과일이나 채소까지 수를 셀 수 없을 정도로 많다. 이 말은 식탁에 놓여진 음식 전부라는 뜻이다. 사람의 입에 들어가는 것도 유전조작을 하는 기업들을 보며 인류생존이 먼저가 아닌 돈이 우선이라는 생각에 분노가 치밀어 오른다. 이곳 식당에서 식사를 마친 후, 곧바로 보스니아로 향한다.

5. 보스니아 국경통과에 실패하고 곧바로 헤르체그노비로 가다.

kotor에서 만을 따라 한 시간쯤 달렸을까. 보스니아의 국경검문소에 도달했지만 입국하기 위해 기다리는 차들도 별로 없고, 분위기는 다른 국경검문소와 사뭇 다르게 느껴진다. 국경검문소의 침침한 분위기만큼이나 내 기분도 꿀꿀하다. 주인 없는 견공들은 무리를 지어 두 나라 국경을 자유자제로 들락날락하고, 이 모습이 눈에 띄지만 양국의 국경경찰들은 아랑곳하지 않고 경비에만 몰두한다. 검문소 박스 안에 있던 여성경찰에게 코로나에 관한 서류와 여권을 건네지만 몇 분되지 않아 국경통과를 허가할 수 없다고 한다. 이 나라의 분위기를 눈치 챈 선교사는 몬테네그로 국경에 들어설 때와 달리 전혀 애걸하지 않고 급하게 핸들을 돌려버린다. 그리고 사행천처럼 구불구불한 산복도로를 따라 30분정도 거리에 있는 항구도시 헤르체그노비

몬테네그로 산복도로에서 본 아드리아 해

(Herceg Novi)로 향한다. 눈 아래 보이는 아드리아 바다(Adriatic Sea)의 풍경은 마치 캘리포니아의 1번 도로에서 조망하는 태평양의 모습과 흡사해 보인다. 하지만 장중한 파도가 성급하게 밀려오는 태평양과 달리, 아드리아 바다(Adriatic Sea)는 마치 아늑한 어머니 품 같은 느낌이다. 바다를 보다가 별안간 뉴 에이지(New Age) 음악의 거장인 독일인 크리스토퍼 프랭크(Christopher Franke)가 떠오르고, 이어 퍼시픽 코스트 하이웨이(Pacific Coast Highway)와 퍼플 웨이브(Purple Wave)의 선율이 머릿속에서 흐른다. 그리고 몇 분도 되지 않아 헤르체그노비 해변에 도착한다. 적당한 곳에 주차를 하고 걸어보는 해변의 거리와 상점들은 화려함보다는 아기자기하고, 아직 때가 덜 묻은 이곳 주민들이

정겹게 느껴진다. 해안에 우뚝서있는 성(城)과 초승달 형태의 해변은 아름답지만 3-40미터밖에 안되 보이는 작은 사장(沙場)이 고작이라 휴양지로서는 치명적인 단점을 갖고 있었다. 그래서인지 외국인 관광객보다는 가족단위의 내국인들만 눈에 띄었다. 휴양지라는 수식어가 붙으려면 프랑스의 니스처럼 크거나 카지노가 있는 모나코처럼 무언가 특색이 있어야 하지만 그런 것들이 전혀 없다. 그저 이곳은 화려한 것을 찾는 사람들보다는 가족이나 일상에 시달린 사람들에게는 좋은 환경으로 생각되었다. 그럼에도 적은 경비에 이만한 즐거움을 선사해주는 휴양지는 없을 것 같다는 내 소견이다. 비수기라서 하루당 25-30유로만 주면 깨끗하고 큰 숙소를 얻을 수 있다는 것, 그리고 한 사람당 한 끼에 10유로 정도면 고급스런 음식을 주문할 수 있는 것이 장점이다. 해는 산 너머로 뉘엿뉘엿 넘어가고, 요트돛대에 앉아있는 갈매기들은 보초처럼 지나는 행인들을 감시한다. 어스름이 내려앉자 가로등 불빛이 거리를 밝히고 상점들의 LED사인이 찬란하게 빛난다. 홀로 해변 산책길을 걷다 문득, 무엇을 이루겠다는 소망으로 숨 가쁘게 달려온 과거의 내 모습이 떠오르고, 인간답게 살아오지 못한 세월이 후회스럽기만 하다. 무엇을 먹을지 해변 식당 앞을 서성이다, '나'라는 존재는 한 곳에 정착하지 못하고 항상 떠도는 외로운 나그네와 같다는 생각에 가슴이 먹먹해 온다.

고독하다는 건
아직도 나에게 소망이 남아 있다는 거다
소망이 남아 있다는 건
아직도 나에게 삶이 남아 있다는 거다
삶이 남아 있다는 건
아직도 나에게 그리움이 남아 있다는 거다
그리움이 남아 있다는 건
보이지 않는 곳에
아직도 너를 가지고 있다는 거다

이렇게 저렇게 생각을 해 보아도
어린 시절의 마당보다 좁은

이 세상
인간의 자리
부질없는 거리
가리울 곳 없는
회오리 들판

아, 고독 하다는 건
아직도 나에게 소망이 남아 있다는 거요
소망이 남아 있다는 건
아직도 나에게 삶이 있다는 거요
삶이 남아있다는 건
아직도 나에게 그리움이 남아 있다는 거요
그리움이 남아 있다는 건
보이지 않는 곳에
아직도 너를 가지고 있다는 거다.

조병화 - 〈고독하다는 것은〉

걸으며 과거에 있었던 이런저런 일들을 상기해본다. 그리고 이제는 일상에서 느끼던 외로움과 우울함, 허전함과 쓸쓸함을 넘어 이제껏 경험하지 못한 낯선 고독과 마주하기 위해 새로운 영역으로의 여행이 시작되었다는 것을 깨달으며 숙소로 향한다.

6. 헤르체그노비에서 Ferry를 타고 부두바(Budva)와 스베티 스테판(Sveti Stefan)을 가다.

습관적으로 새벽에 눈이 떠지고 시계를 보니 5시 반, 창밖을 내다보니 해변 길을 따라 조깅을 하는 사람들의 어엿한 모습이 눈에 들어온다. 이곳을 떠나면 두 번 다시 못 올 것 같은 직감에 침대에서 빠져나와 주섬주섬 옷을 입고 헤르체그노비(Herceg Novi) 해변으로 걸음을 옮긴다. 걸어보는 이 거리는 독일 하이델베르크의 철학자의 길처럼 명상하기에는 적합한 산책로다. 어귀에 들어서자마자 반려견과 산책하는 여인이 눈에 들어오고, 이에 우리 반려견 Jack이 눈앞에 아른거린다. 세월은 무상하다고 했던가. 불현 듯 사랑스런 반려견이 언젠가는 내 곁을 떠날 것이고, 떠난다면 내 성품상 감당할 수 없을 정도로 마음의 상처가 클 것 같아 두려움이 앞선다. 아침부터 우울한 생각에 내려앉은 마음을 위로하듯 파도는 계속해서 찰싹이며 노래한다. 동거하는 동안은 자식처럼 최선을 다해 돌보아 주어야한다는 굳은 마음으로 숙소로 향한다. 그리고 항상 떠날 준비가 되어 있는 나그네와 같이 숙소에 들오자마자 익숙한 손놀림으로 짐을 챙겨 나온다. 다음 행선지는 부드바. 목적지에 가기 위해 만(灣)을 끼고 돌면 한 시간 이상을 소비하지만 Ferry를 타고 가로지르면 15분이면 충분하기에 항구로 향한다. 도착해 6유로를 지불한 다음 차를 Ferry에 올려놓는다. 선상에는 젊은 관광객들이 가득하고, 대부분 러시아어를 사용하는 커플이다. 알고 보니 우리가 가는 부드바와 떠나온 헤르체그노비는 러시아인들이 많이 찾는 관광지라고 한다. 승선 분위기는 마치 허드슨 강을

가로질러 뉴저지(New Jersey)의 호보큰(Hoboken)에서 Manhattan Downtown과 Midtown을 운항하는 Water Taxi와 비슷하다. 승선시간동안 선교사와 교육문제에 대화하고, 그에게 큰 아들이 천재성이 있는 것은 확실한데 적성에 맞는 것을 찾아줘서 집중적으로 공부를 시켜보면 좋겠다는 제안을 하였다. 하선에 이어 곧바로 부드바로 향하던 중 조망이 좋은 곳에서 정차해 사진을 찍고 있을 때, 마침 모터사이클을 세워놓고 휴식을 취하던 두 사람이 있었다. 50대 중반으로 보이는 남자가 "배경사진이 필요하면 내가 찍어줄 수 있다"는 말을 하며 내가 있는 쪽으로 흙먼지를 일으키며 걸어온다. 이야기를 하다 보니 남아프리카 공화국에서 온 사람들이다. 그리고 한쪽에 묵묵히 서 있는 사람은 큰 아들 친구인데 자기처럼 모터사이클을 타고 여행하는 것을 좋아한다고 소개한다. 그러면서 크로아티아에서 모터사이클을 빌리는데 요구하는 것이 너무 많아 반나절동안 애를 먹었다는 말도 부연한다. 대화가 끝나자마자 세워둔 모터사이클에 올라앉더니 "오늘은 부드바에서 머문 다음 내일은 어디로 가야할지 아직 정하지 않았다."는 말을 남기며 시야에서 멀어져 간다. 그들이 떠난 후, 바다를 바라보며 바람이 어디서 왔다가 어디로 가는지 알 수 없는 것처럼, 여행자란 자연을 친구삼아 자유롭게 발길을 옮기는 방랑자이다. 그리고 여정의 길에서 삶과 자연의 이치를 깨달아가는 철학자이며, 인간과 조우(遭遇)하며 자신과의 관계를 도출해내는 사회학자이다. 또한 때로는 웅장하면서도 정겨운 자연을 감성으로 표현해내는 작가이며, 자연의 신비한 모습을 악보와 화폭으로 옮겨놓는 예술인이기도 하다는 생각을 해본다. 부드바에 들어서자마자 고풍스런 건물들에서 이 도시의 역사가 만만치 않다는 느낌을 받았다. 리비에라(rivijera) 해변을 따라 세련된 레스토랑과 Bar가 줄지어 있고, 오래된 역사를 갖고 있는 만큼 중동의 도시들처럼 미로(迷路)도 눈에 많이 띄었다. 그리고 새로운 리조트가 건설되는 등 대규모개발이 한창 진행되고 있어 고대와 현대가 조화롭게 융합되어 새로운 휴양도시로 거듭나고 있음을 알려주었다. 아름다운 해안도시 부드바는 BC 4세기 고대 그리스를 시작으로 비잔티움 제국, 15-18세기에는 베네치아 공화국의 지배를 받았다. 이어 19-20세기에는 오스트리아의 합스부르크, 프랑스, 다시 오스트리아를 거쳐 유고슬라비아, 이탈리아 그리고 다시 유고슬라비아 사회주의 연방공화국의 몬테네그로 사회주의 공화국으로 편입되어 있다가 1990년대에는 유고슬라비아 연방공화국이 해체되면서 자연스레 독립된 아픈 역사를 갖고 있다. 이 도시가 세워진 이래 2,500년 동안 여러 나라의 식민지였기에 건물들의 형태도 다양하고, 특히 베네치아풍의 양식이 상당히 많았다. 아드리아 해(海)의 향취가 가득한 해변을 걷는다. 고운 모래알갱이들은 투명한 물빛과 하나 되어 영롱한 보석처럼 빛나는 부드바 해변을 잊지 못할 것 같다. 떠나려는 시간, 추억을 남기고자 우리 가곡 〈가고파〉를 불러본다. 그리고 내일은 주일이라서 230Km 떨어진 알바니아 쿠커스로 돌아가 주일예배에 참석해야 한다. 알바니아로 향하던 도중 부드바의 백미(白眉)인 스베티 스테판 방문을 마지막으로 몬테네그로의 여행을 마친다.

7. 쿠커스의 모퉁이 돌(Guri I Qoshes) 교회에서 주일 오전 예배를 보다.

부드바에서 남동쪽으로 한 시간 남짓 달리니 알바니아 북부 국경에 도달한다. 나라들이 작다보니 알바니아의 수도 티라나를 기점으로 짧게는 30-40분 길게는 서너 시간이면 발칸반도에 속한 웬만한 나라들에 당도할 수 있다. 그리고 특이한 것은 코로나 바이러스가 만연하고 있는 시기라 전 세계가 마스크착용을 의무화하고 있지만 북 마케도니아, 코소보, 몬테네그로, 알바니아인들은 착용하지 않았다. 이유는 이미 집단면역이 이루어졌기 때문이다. 터키어(語)에서 유래된 발칸(Balkan)이라는 단어는 '거칠고 숲이 많은 산악지대'라는 뜻을 가지고 있다. 황량한 지역에서 살아온 이들의 강인함이 치명적인 코로나 바이러스를

부담 없이 이겨내지 않았나 생각해본다. 또한 발칸이라는 단어가 말해주듯 알바니아와 그리스 일부를 제외한 대부분 나라들의 국토는 험산준령으로 이루어져 있고, 그나마 10%에도 못 미치는 농지마저 인간의 주식이 되는 밀(wheat)이나 옥수수, 감자 같은 농작물을 경작할 수 없다. 대신 소나 양의 사료로 쓰이는 목초를 계획적으로 재배하는데, 아시아의 기후와 반대로 일조량이 많은 여름이 건기(乾期)이고 일조량이 적은 겨울이 우기(雨期)이기에 가능하다고 한다. 밀이나 쌀 같은 작물 대부분을 수입으로 연명하기에 먹거리 풍성하지 않았고, 이런 연유인지 발칸반도에 속한 나라의 사람들이 신장이나 체구도 한국인보다 작게 느껴졌다. 물론 추운지방의 북(北) 유럽인처럼 지방질을 축적시키기 위해 큰 체구로 진화했고, 이에 반해 온난한 지방에 사는 남(南) 유럽인들은 지방질을 몸에 축적시키면 활동하기 불편하기에 체구가 왜소화된 쪽으로 진화했다고 하지만, 같은 유럽인이라도 신장과 체격이 너무 차이가 난다는 느낌을 지울 수가 없다. 그렇지만 발칸반도 사람들은 작은 체격에 비해 강단지고 강인하며, 보기에도 전투민족의 이미지다. 알바니아에 들어 온지 30

분쯤 되어 북부의 최대 도시 슈코더르(Shkodër) 시내에 당도했다. 당도하자마자 전략적으로 매우 중요해 열강들의 쟁탈전이 있었다는 로자파산성(Rozafa 山城)에 올랐다. 해발 130m인 이 성에 올라보니 비옥한 평야지대와 다양한 동식물이 서식하는 늪지대가 보인다. 그리고 1,600m에 달하는 마라나이산과 슈코더르(Shkodër)호수는 물론, 슈코더르 호수로 흘러들어가는 부나강(江)과 오흐리드호수로 흘러들어가는 드린 강(江), 키르 강(江) 등이 한 눈에 들어왔다. 3년간 군복무를 경험한 내가 봐도 전략적으로 매우 중요한 성으로 보였다. 성을 돌아보던 시각에 수학여행을 온 한 무리의 남녀학생들이 보이고, 우리의 모습이 이색적이었는지 "어느 나라에서 왔느냐?"고 물어온다. 선교사는 "나는 이 나라에 파송된 한국인 선교사이고, 저분은 한국계 미국인이며 뉴욕에서 왔다"고 소개한다. 이어 방탄소년단(BTS) 이야기가 꺼내더니 소녀들이 우리를 에워싸며 사진을 찍자고 아우성이다. 이 학생들이 한국 제품들을 좋아한다는 것, 그리고 한국인에 대한 좋은 인상을 갖고 있어 마음이 뿌듯했다. 사실 유럽에서도 일본이나 중국의 이미지가 그리 좋지 못한 것은 상대와 함께 공존하겠다는 원리가 없이 약자들에게는 강한, 일종의 폭력적 억압성을 띤 문화 때문이라는 것을 이들을 만나면서 알았다. 그리고 당장의 이익에 부합되지 않으면 슬그머니 물러서는 이 두 나라의 얍삽한 국민성과 기업에 염증을 느꼈다면, 한국인은 공존정신과 의리를 지키는 국민으로 인식되었기에 지금처럼 존경받는 것은 아닌지 추측해 보았다. 이 말은 '안에서 새는 바가지 나가서도 샌다.'는 말처럼, 개도국들을 속여 국부를 등쳐먹는 사악한 중국의 일대일로나 아직도 경제 강국으로 착각해 유럽에서 자국의 힘을 행사하려는 일본의 망상이 적나라하게 드러나 있기 때문이라는 뜻이다. 성벽을 돌아보다 문득 힘없는 민초들이 축성(築城)에 강제 동원됐을 거라는 생각에 분노가 치밀어 오른다. 전쟁이란 누구를 위한 것인가. 그것은 민초들의 희생이 담보된 권력자들끼리의 힘겨루기이다. 전쟁은 인간의 역사와 같이했고, 더불어 역사를 아무리 훑어보아도 지금까지 발발한 전쟁은 단 한 번도 권력자들의 피(血) 놀이가 아닌 적이 없었다. 지금도 정권을 쥔 사람들은 자신들의 권익을 위해 이 피 놀이를 즐기고 있다. 전쟁으로 피해를 보는 쪽은 힘없는 민초들이며, 가장 큰 피해는 부녀자와 어린이들에게 돌아갔다는 것을 우리는 간과해서는 안된다. 권력자들은 속절없이 당한 여성과 아동피해자들에게 용서는커녕 한마디의 사과조차 없었던 역사 앞에 통탄을 넘어 분노가 서걱서걱 올라온다. 요즘 전쟁의 양상을 보면 종교와 이념의 갈등, 자원과 영토분쟁으로 일어나는 경우보다는 실권자들의 정권연장을 위해 발발하는 경우가 대부분이다. 예나 지금이나 정권연장을 위해서는 전쟁만큼 좋은 명분이 없기 때문이다. 그러기에 남북한의 권력자가 정권유지를 위해 공작이나 총부리를 겨누지 않았으면 좋겠고, 서로 단결하여 통일조국을 이뤄 내길 기원하면서 산성을 내려온다. 내려오던 중 산 중턱에 크고 고풍스런 레스토랑이 눈에 들어오고, 그곳에서 잠깐 쉬었다 간다. 청명한 하늘 아래 펼쳐진 슈코더르의 아름다운 환경이 한 눈에 들어오고 입에서는 감탄사가 절로 나온다. 쿠커스로 돌아오는 도로에는 어스름이 사박사박 내려앉고, 또 이렇게 하루가 저물어간다는 아쉬움에 한숨만 연이어 나온다. 하루가 허무하게 숨져가고, 진이 다하면 아름다운 이 세상과 이별을 해야 한다는 괴로운 생각이 머릿속에서 뱅뱅 도는 사이 어느덧 선교사 사택에 도착한다. 그리고 잠자리에 들기 전 어김없이 오늘의 여정을 셀 폰에 기록한다. 다음 날 아침, 근심에 가득했던 어제의 생각들이 안개처럼 사라지고, 청명한 하늘만큼이나 마음도 맑아져 있다. 아침 식사를 마친 후, 주일 대예배에 참석하러 〈모퉁이의 돌〉 교회로 향하고, 입구에서 성도들이 반갑게 나를 맞아준다. 비록 몇 평되지 않는 장소에 몇 되지 않는 성도가 자리를 메우고 있지만 이들은 온 천하보다 귀한 영혼이다. 이 영혼들을 보며, 신의 인격이 유전되어 있는 생명체이기에 누구에게나 존중받아야 마땅하다는 것을 깨닫는다. 보잘 것 없는 변방에 교회가 존립하고 있다는 것이 놀랍고, 또한 설교말씀을 한 마디도 놓치지 않으려고 집중하는 성도들의 굳건한 신앙에 놀랐다. 성도들이 진지하게 예배를 보는 모습에 씨를 뿌리고 공력을 드린 선교사들의 노고가 그대로 베어져 있는 것 같았다. 이 교회의 역사는 15년 전에 독일 선교사가 개척했고, 몇 년 후 동문 선교사가 바통을 이어 받아 현재까지 목회를 하고 있다. 전교인을 지도자로 만들어 발칸반도 곳곳에 복음을 전하겠다는 기치 아래 오늘도 헌신하고 있는 동문선교사를 보며, 1990년에 경남 통영군의 섬에 들어가 만 6년을 사역하던 시절이 떠올랐다. 내 자신을 내려놓지 못해 목회가 어려워지고, 결국 도피하다시피 필리핀 선교사로 떠났던 비겁한 모습도 함께. 쓰디쓴 맛을 본 이때, 목회란 자신을 내려놓고 희생을 각오해야만 열매를 맺을 수 있다는 것을 깨달았다. 알바니아어를 모르기에 설교내용을 알아들을 수 없었지만 어쨌든 내 영혼은 기쁨으로 충만해 있었다. 예배가 끝날 때쯤 의료선교사로 파송 받아 티라나에서 활동을 하고 있는 성결교단 선교사부부와 장로교 합동측에 적을 두고 있는 여선교사가 내가 왔다는 소식을 듣고 모퉁이의 돌 교회를 방문했다. 이런저런 대화를 하다가 의사라는 좋은 직업을 접어두고 오지에서 의료봉사를 하는 부부의 모습에 그렇지 못한 삶을 살아왔던 내 자신이 부끄러워 어디에라도 몸을 숨기고 싶은 심정이었다. 한편으론 사심없이 예수를 전하는 이런 선교사들로 인해 기독교가 지탱되는 것이 아닌지 생각해 보았다. 대화가 끝난 후, 다음 행선지인 그리스에 들어가기 위해서는 PCR 테스트가 필요하기에 1시간 반을 달려 티라나공항으로 갔다. PCR증서를 받자마자 쉬지 않고

달려 국경도시 Kakavia에 도착했지만 허무하게도 국경경찰이 허락하지 않아 국경을 넘을 수 없었다. 이유를 물어보니 그리스에 합법적으로 거주할 수 있는 사람만 이 검문소를 통과할 수 있다고 답변한다. 그러면서 그리스로 들어가려면 필히 PCR 용지나 앱(App)을 소지하고 北 마케도니아 쪽에 있는 검문소를 이용하라고 귀띔해준다. 많은 시간을 소비하며 달려왔는데 통과할 수 없다는 말에 망연자실하고, 대안을 찾기 위해 서로 머리를 싸맨다. 시계를 보니 오후 5시가 가까워 오고, 일단은 알바니아의 최남단에 위치한 휴양지 사란다(Saranda)에 들어가 쉬고 내일 그리스로 가자는 선교사의 제안에 동의한다. 산길을 따라 사란다로 향하던 중에 파란 눈(Syri i Kalter, Blue Eye)이라는 명소가 있어 잠깐 들렀다. 좁은 비포장도로를 따라 7-10분 정도 들어가니 여울목이 눈에 들어왔다. 가까이서 보니 여울의 한 곳에 직경 4-5m정도 되는 파란색 Hole이 있었다. 이 구멍은

마치 옐로스톤 국립공원의 온천이나 간헐천의 축소판 같은 이미지였다. 하지만 시간을 두고 분출하는 간헐천과 달리 계속해서 다량의 물을 용출하고 있었고, 물을 혀끝에 갖다 대니 차갑고 무미(無味)함이 도는 것을 볼 때 단박에 냉천(冷泉)이라는 것을 알 수 있었다. 냉천라고 확신한 이유는, 온천수가 나오는 주위는 지열과 유황 때문에 생물이 번식할 수 없는데 반해 여울 가에는 잎이 무성한 나무들이 즐비했고, 새들 또한 물가의 우거진 숲을 중심으로 활동하는 모습, 특히 이곳에 사는 견공들이 이 개울물 마시는 것을 보고 판명할 수 있었다. 끊임없이 용출되는 샘물을 보던 중, '아무리 어려운 처지에 놓이더라도 마음가짐을 바르게 하고 문제가 생길만한 일은 가까이 하지 말아야 한다(渴不飮盜泉水, 갈불음도천수).'는 고사(故事)가 삽시간에 머리를 스쳐지나간다. 그리고 정복자 나폴레옹이 "내 인생에 행복한 날은 단 3일 밖에 없었다."는 가슴 아린 고백처럼, 걸어왔던 내 인생을 돌이켜보면 심금을 울릴만한 사건이 없었고, 그로 인해 행복했던 날이 없이

힘들게 살아왔던 것 같다. 절제와 인간이 지켜야할 도리 사이에서 우유부단하게 행동했기에 아픔을 자초한 것이다. 누구를 원망하랴, 이 모두 내 마음이 빚어놓은 잘못인 것을. 태양은 서쪽으로 꾸역꾸역 내려가고, 무거운 마음을 싣고 사란다로 향한다. 차 한 대가 지나기도 비좁은 길을 따라 이윽고 도착한 사란다. 노을이 져가는 바다풍경은 이제껏 돌아 본 휴양지 중에 가장 으뜸인 것 같다. 어스름이 내려앉은 해변을 거닐고, '제사보다는 잿밥에 관심을 둔다.'는 속담같이 일몰풍경보다는 해물을 취급하는 레스토랑을 찾으려 부지런히 이곳저곳을 기웃거려 본다. 우물가에서 숭늉을 찾더라고, 한국 해물요리와 비슷한 것이 있는지 찾아보지만 전혀 없다. 생굴을 비롯해 네다섯가지 해물요리를 주문해 먹어보지만 맛이 전부 미달이다. 줄곧 먹어왔던 한국음식이 오늘따라 그립고, 비록 이국에서 살고 있지만 역시 우리 민족음식을 떼어놓고 생활할 수 없는 나는 한국인이라는 것을 실감한다. 이번 여행에서 내가 사용한 여권이 조국의 여권하고는 색깔부터 다르지만 어딜 가든지 나는 한국인이며, 미

국보다는 내 조국을 더 사랑한다는 것을 인지한다. 이민 26년을 넘어섰지만 미국문화에 동화되지 않았고, 앞으로도 한국인이라는 정체성을 절대 잊어서는 안 된다는 인식이 내 정신 깊숙이 자리 잡고 있다. 그 정체성을 잊지 않기 위해 우리 가족은 미국식 이름이 아닌 한국이름 그대로 여권과 서류에 사용하고 있다. 바울이 로마서 9장 3절에서 '나의 형제 곧 골육의 친척을 위하여 내 자신이 저주를 받아 그리스도에게서 끊어질지라도 원하는 바로라 아멘'이라고 했던가. 한 줌의 흙이 되어 돌아갈 때까지 내 조국과 내 민족을 사랑하는 정신은 변함이 없을 것이다. 평화를 사랑하는 민족이 세운 나의 조국, 그 이름은 나의 희망이며 나의 영혼이고, 세상에서 '대한민국'과 '한민족'이라는 단어만큼 아름다운 것은 없다고 생각한다. 여러 해물요리를 식탁에 올려놓고 선교사와 한국교회의 미래와 역할에 대해 심도있게 대화를 나눈 다음, 늦은 밤이 되어서야 자리에서 일어섰다.

8. 북 마케도니아를 거쳐 그리스에 도착하다.

그리스로 출발하기 전, 선교사보다 일찍 일어나 사란다 해변도로를 걷는다. 시계를 보니 아침 6시인데 기념품가게 주인들은 물건을 진열하는데 바쁘다. 산책도중 어촌이었던 사란다를 지금 크기로 발전시킨 인물동상이 보이고, 동상 밑에는 삐쩍 마른 견공들이 잠에서 깨어나

지 못하고 몸만 뒤척인다. 도로에서 마주치는 사람마다 아침인사를 하고, 배에서 작업하는 사람들에게도 아침인사를 건넨다. 맑은 날 아침에 보는 세상은 참으로 아름답다. 아름다운 아침광경에 영화 〈Good morning Vietnam〉의 삽입곡이었던 〈what a wonderful world〉가 떠올라 불러본다.

I see trees so green, red roses too
I see them bloom for me and you.

And I think to myself what a wonderful world.
I see skies so blue and clouds so white.

The bright blessed day, the dark sacred night.
And I think to myself what a wonderful world.
The colors of the rainbow so pretty in the sky
Are also on the faces of people going by.

I see friends shaking hands saying how do you do.
They're really saying I love you.

I hear babies crying, I watch them grow.
They'll learn much more than I'll ever know.
And I think to myself what a wonderful world.

Yes I think to myself what a wonderful world
Yes I think to myself what a wonderful world.
Oh yeah~

이리 둘러보고 저리 둘러보아도 모두들 여유가 가득한 아침, 그리고 아름다운 풍광이 더해진 선명한 이 모습은 머릿속에서 영영 사라지지 않고 남을 것 같다. 아름다운 해변이 있는 사란다(Saranda)를 뒤로 두고 어제 그리스 국경경찰의 언질대로 엘

바산(Elbasan)을 지나 북(北) 마케도니아 국경을 통과한 다음, 오흐리드(Ohrid)와 게브겔리아(Gevgelija)를 거쳐 마침내 그리스국경을 넘었다. 비좁고 구불하며 굴곡이 심한 탓에 알바니아 남부 사란다에서 북 마케도니아를 거쳐 그리스 국경에 도달하기까지 9시간 반을 달렸지만 거리는 고작 600Km 남짓이다. 오랜 시간 차 안에서 있다 보니 자연스레 각자 살아온 이야기로 주를 이룬다. 선교사가 "산다는 것은 살아가고 있다는 것이며, 살아온 만큼 추억을 가지고 있다는 것"이라 말한다. 그러면서 "그 추억은 높이 쌓여가기도 하지만 때로는 아래로 점점 깊이 내려가기도 한다. 쌓여간다는 것은 부끄럽지 않는 기억이며, 깊이 내려간다는 것은 생각하고 싶지도 않은 불편한 기억이다"는 문학적 언어들을 사용한다. 사실 지금도 진행되고 있는 우리의 행위가 좋든 싫든 추억이 될 것이고, 살면서 확연하게 일어났던 사건이기에 레테(Lethe)의 강물을 마시지 않고서는 지우지 못하는 것이다. 그러기에 무덤까지 가지고 가야할 추억은 우리의 영혼과 분리할 수 없는 그림자이다. 그런고로 동문선교사와 대화를 나누는 이 시간은 자고나면 추억이 될 것이고, 더불어 내 형체와 평생 분리될 수 없는 그림자처럼 무덤까지 따라올 것이다. 국경을 넘어서고, 피곤함에도 운전대를 놓지 않고 달리는 그에게 미안한 마음으로 재미나는 노래 몇 곡조를 들려준다. 국경을 넘어서자마자 지금껏 돌아본 나라들의 도로와는 판이하게 다르고, 건물들도 현대식이 많았다. 특히 관광산업을 제외하면

주산업이 농업이라서 고속도로 양쪽에는 소규모의 농기구 공장이나 농기구딜러들이 눈에 많이 띄었다. EU가입국인 그리스의 시골풍경은 이탈리아 시골하고 비슷하다. 우리가 달리고 있는 E75번 고속도로는 편도 3차선에 포장도 잘되어 있어 불편함이 전혀 없었지만 아테네까지의 거리는 아직도 570Km가 남아 있다. 최고봉으로 그리스 신들의 고향인 올림포스 산을 지나자 시나브로 어둠이 내려오고, 선교사가 가장 가까운 도시 라리사(Larissa)에서 하루 묵고가자고 한다. 국경에서 근 3시간을 달려 220Km 지점에 있는 라리사에 도착해 짐을 푼다. 오늘 달려온 거리는 820Km에 12시간, 이번 여행에서 가장 많은 시간을 소비한 하루였고, 국제면허증을 소지하지 못한 내 대신 홀로 운전을 감당했던 동문선교사에게 미안한 마음이 가시지 않는다. 한 숨을 돌린 후, 동문 중에 최초로 그리스에서 박사학위를 받고 모교에서 교수로 봉직하다 몇 개월 전에 퇴직한 선배에게 전화를 했다. 그리고 그리스의 명소와 그 명소를 방문하면 어떤 것을 놓치지 말아야 할지 질문을 했다. 선배는 아테네의 아크로폴리스와 지중해문명의 시발점이 된 크레타(Creta) 섬을 꼭 방문하라고 조언한다. 그리고 시간이 나면 풍광이 뛰어난 산토리니(Santorini) 섬도 방문하라고 한다. 그리스와 터키, 북 아프리카 삼각지역 중간에 있는 크레타 섬은 그리스 영토에 속한 섬 중에서 가장 크며, 지중해에서는 5번째로 큰 섬이다. 크레타 섬은 BC 22세기경에 시작된 고대 그리스문명에서부터 현재까지의 역사, 신화, 음악, 언어 등이 그대로 간직된 곳이고, 신석기 시대에 건립된 크노소스(Knossos) 궁전도 이곳에 있다. 선배에게 아테네 공항에서 비행기를 타고 한 시간 거리인 크레타 섬, 그리고 아테네에서 유람선을 타고 8시간 이상을 가야하는 산토리니 섬은 촉박한 출국시간 때문에 포기하고 다음 방문 때는 꼭 가야겠다는 말을 하였다. 내 입장을 이해한 선배는 아테네를 돌아본 다음, 알바니아로 돌아가는 길에 메테오라(Meteora) 수도원은 꼭 가보라고 한다. 더불어 유학시절을 시작으로 30여 년을 알고 지내는 현지목사에게 연락을 할 테니 아테네시간으로 내일 점심에 만나보라고 한다.

Ωδείο Ηρώδου του Αττικού
Odeon of Herodes Atticus

낯선 사람들의 땅 발칸반도를 찾아서(2)

9. 고대와 현대가 어우러져 있는 아테네.

라리사에서 아테네까지 거리가 350Km 정도이기에 서두르지 않는다. 라리사에서 출발과 동시에 조 목사님에게 연락을 하고, 점심시간 쯤 도착할 것 같다는 말이 떨어지기가 무섭게 그 시간에 맞춰 아크로폴리스 주차장에서 기다리겠다는 말을 한다. 곱게 뻗은 고속도로 주변 목장에는 한가롭게 풀을 뜯는 소들이 보이고, 분주하게 움직이는 농부들의 모습도 보인다. 132,000㎢로 한반도의 0.6배의 크기인 그리스는 80%가 산지이며, 산지가 많은 나라답게 목축업이 발달한 나라이다. 인구는 천만 명을 조금 상회하며, 1인당 연간소득은 미화(美貨)로 20,000불 정도이다. 그리고 남부는 지중해성 기후로 계절에 상관없이 건조한 편이고 산간지역인 북부는 겨울엔 비가 많고 추위가 심한 대륙성기후다. 또한 그리스는 1830년 독립 때까지 오스만 터키에 의해 400년 동안 지배를 받은 역사가 있다. 이후 세계 제1차 대전에서 패한 오스만 터키는 연합국과 세브로 조약을 체결하고 그리스에게 에게海(Aegean Sea)섬 일부와 터키 서부를 양도하게 되었다. 이에 분노한 터키국민들이 들고 일어나 그리스를 공격하고, 1919년에서 1923년까지 터키 이즈미르에서 터키-그리스 전쟁이라 불리는 일명 터키독립전쟁이 시작된다. 결국 터키의 승리로 돌아갔지만 이 전쟁 후 로잔조약에 의해 터키서부 해안가에서 10km 이내에 위치한 섬을 제외한 나머지 섬은 그리스영토로 할양되었다. 이 조약에서 터키에게 이스탄불 지역이나 에게해 지역 중 하나만 선택하라는 권리를 주었고, 결국 이스탄불을 택하므로 현재의 영토로 확정되었지만 인구 8,600만 명이 넘는 터키는 또다시 무력으로 그리스를 향해 영토분쟁을 일으키려 하고 있다. 2차 세계 대전의 승전국이었던 러시아와 패전국이었던 일본이 공동선언과 서명에 의해 북방 4개 섬인 쿠릴열도를 러시아에게 넘겼는데, 지금 와서 자기나라 땅이라고 때를 쓰며 영토분쟁을 일으키고 있는 일본과 비스 무리한 심보를 갖고 있는 터키이다. 터키를 한국전쟁 때 도와준 형제의 나라라며 호감을 갖고 있지만 사실은 일본처럼 식민지를 경영한 전범국이었으며, 식민지 국가에 대해 사과는커녕 반성도 없는 나라라는 공통점을 갖고 있다. '역사를 잊은 민족에게는 미래가 없다'는 말처럼, 아직도 정한론을 포기하지 않는 일본, 그리고 대한민국을 자국에 편입시키려고 동북공정을 진행하고 있는 중국의 도발이 더 이상 통하지 않도록 우리 국민은 과거의 역사를 바로 인식해야 할 뿐 아니라, 경제와 군사, 외교 등 다방면에서 줄기차게 발전을 이뤄내야 한다. 도로가 좋다보니

속도계의 바늘은 오른쪽으로 힘껏 기울어져 있고, 속도만큼이나 타이어 마찰 소리는 비행기엔진이 쏟아내는 굉음에 가깝다. 3시간을 달려 도착한 아테네의 거리의 풍경은 코로나의 여파 때문인지 활기차지 않고, 그렇다고 침울한 분위기도 아니다. 복잡한 언덕길을 올라 아크로폴리스 주차장에 도착하니 세 명의 동포 목사가 우리를 반갑게 맞이한다. 그리고 함께 파르테논 신전이 있는 곳까지 동행해주면서 아테네라는 지명과 그리스 예술이 함축되어 있는 아크로폴리스에 대해 상세하게 설명해준다. 아테네는 제우스의 딸로 지혜의 신이며 전쟁의 신이다. 하지만

아테네는 폭력을 싫어하고 평화를 사랑하기에 이 도시의 수호신으로 받들어졌다. 그리고 '아주 높은 도시'라는 뜻을 갖고 있는 '아크로폴리스 Acropolis'는 종교와 정치의 중심이 되는 장소로 파르테논, 나이키, 에렉티온 신전이 모여있는 아테네 언덕을 말한다. Annapolis, Indianapolis, Minneapolis 등, 도시라는 뜻의 'polis'가 미국에도 여러 곳이 있는 것을 보면 아무래도 그리스의 영향을 받은 것 같다. 파르테논 신전으로 올라가는 언덕에 정으로 깎아놓은 20여개의 계단이 보이고, 계단 입구 바로 옆에는 희랍어를 새긴 동판이 보였다. 불연히 사도행전 17장 16-21절의 "바울이 아덴에서 그들을 기다리다가 그 성에 우상이 가득한 것을 보고 마음에 격분하여 회당에서는 유대인과 경건한 사람들과 또 장터에서는 날마다 만나는 사람들과 변론하니 어떤 에피쿠로스와 스토아 철학자들도 바울과 쟁론할 쌔 어떤 사람은 이르되 이 말쟁이가 무슨 말을 하고자 하느냐 하고 어떤 사람은 이르되 이방 신들을 전하는 사람인가보다 하니 이는 바울이 예수와 부활을 전하기 때문일러라. 그를 붙들어 아레오바고(Areopagus, 議會)로 가며 말하기를 네가 말하는 이 새로운 가르침이 무엇인지 우리가 알 수 있겠느냐? 네가 어떤 이상한 것을 우리 귀에 들려주니 그 무슨 뜻인지 알고자 하노라 하니 모든 아덴 사람과 거기서 나그네 된 외국인들이 가장 새로운 것을 말하고 듣는 것 이외에는 달리 시간을 쓰지 않음이더라."는 말씀이 떠오르고, 제 2차 전도여행 때의 이 언덕에 서서 설교하던 사도바울의 모습과 목소리가 2,000년을 넘어 실제로 내 눈으로 보고 귀로 듣는 것 같은 느낌으로 다가온다. 또한 11제자와 사도바울 등, 예수의 행적을 전하기에 힘썼던 그들의 떠올려보며 신앙은 죽음을 이길 수 있다는 사실을 다시 한 번 깨닫는다. 예수를 만나는 것도 힘들지만 이후 '내려놓음과 희생'이 요구 되는 제자의 길을 간다는 것은 용기와 믿음이 부족한 나에게는 당랑거철(螳螂拒轍)과 같다. 성령이 인도하고, 물질을 서로 나누며 기도에 힘썼던 초대교회와 달리, 현대교회가 믿음을 물질로 환산하는 실수를 범하다 보니 성도들은 하나 둘 씩 떠나가고 점점 쇠퇴의 길로 치닫는 모습을 본다. 특히 보수신앙을 추구하는 교단이 쇠퇴속도가 가파른 이유는 공산주의가 추구하는 유물론을 교회안으로 끌어드려 적용하고 있기

때문이다. 그 예가 장로, 권사, 집사취임 등 직분에 따라 암암리에 매겨지는 헌금, 담임목사로 부임하기 위해서 몇 억, 혹은 몇 십억을 지불해야 하는 매직, 담임목사자리를 친인척에게 세습하는 폐습, 직분에 따라 매겨지는 성전건축헌금 등 다양한 헌금들이 교회를 뒤덮고 있다. 그런데 이런 악습을 조장하는 주역들은 목사들이 아니라 사실 장로들의 묵인이다. 이런 한국교회 현실이 떠오르고, 바울이 바위언덕에 올라서 아테네시민들에게 전도설교를 했던 곳 아래, 무릎을 꿇고 두 손을 모아 열 한 제자들처럼 살게 해달라고 간절히 기도를 한다. 솔직히 이 기도는 나와 가족의 무사안위를 위한 기도가 아니라, 한국교회성도들을 위한 기도이다. 기도가 끝난 뒤 Areopagus 언덕을 떠나 파르테논 신전으로 향한다. 신전으로 향하던 중 사도바울의 논리와 설교에 감동이 된 아레오바고 관헌 중 하나였던 디오누시오(Dionysius)가 회심하여 예수의 제자가 되고, 나중에는 아테네 교회의 제 1대 감독이 되었다는 구전을 상기해본다. 언덕 끝을 향해 10분 정도 올라가니 파르테논 신전이 선명하게 눈에 들어온다. 파르테논은 아테나 여신에 의해 봉헌된 대리석신전으로 BC 447년에 착공되어 BC 432년에 도리스양식으로 완공되었다. 안내문을 읽어보니 오래된 건축물인 만큼 애환도 많았다. 1460년대 오스만제국에 정복당한 뒤 모스크로 바뀌었고, 게다가 정복자들이 이곳에 모스크양식의 첨탑까지 세웠다고 한다. 그뿐 아니라, 1680년대에는 파르테논 신전 안에 쌓아놓았던 오스만제국의 탄약이 베네치아군의 포격으로 인해 폭발하면서 신전 대부분이 훼손되었다고 한다. 그리고 1806년엔 영국인 약탈자 Thomas Elgin이 오스만제국의 허가를 얻어 파르테논에 남아있던 부조(浮彫)들을 떼어내었고, 이후 1816년 대영박물관에 매각되어 지금도 전시되어 있다. 30년 전 유럽여행 때 대영박물관에 전시된 파르테논신전 벽의 부조들을 확실하게 보았고, 훼손된 국제적 보물을 보며 영국에 분노를 했던 기억이 생생하다. 우리가 알다시피 대영박물관의 전시품들의 95-98%이상이 약탈로 이루어진 것이다. 대영박물관에는 이집트와 그리스 등 지중해 문명을 이루었던 국가들의 문화재 뿐 아니라, 식민지를 넓혀가던 17-20세기에 중국과 인도 등 세계에서 약탈해온 문화재도 상당했다. 지금도 빛을 보지 못하고 대영박물관(British Museum)이나 프랑스 루브르(Louvre)박물관 지하실에 밀봉된 채로 보관되어 있는 문화재만 해도 수백만 점에 이른다는 말이 낭설이 아닐 것이다. 파르테논신전의 수난은 여기서 끝나지 않는다. 1820년대 터키와 혈전이 있었던 독립전쟁 당시 그리스군의 요새로 사용된 적이 있었다. 이를 증명하듯,

건축물 곳곳에 포탄과 총탄자국이 선명했고 신전주위에는 기단과 원주들이 널브러져 있는 것을 방문했던 그 날 눈으로 확인할 수 있었다. 중요한 것은 지붕을 덮는 architrave, frieze, cornice 등, 가장 예술성이 있는 entablature 부분은 전혀 보이지 않았다. 내 판단으로는 그리스 문화재관리국에서 보호하고 있는 것이 아닌 1820년대 이후 국외로 유출된 가능성이 농후해 보였다. 유출되어 보관된 장소는 대영박물관과 프랑스 루브르 박물관, 그리고 소수의 양은 그리스의 지배국이었던 튀르키예에서 보관하고 있을 것이라 확신한다. 다가서서 자세히 보니 파르테논 신전은 우아하고 섬세한 이오니아 양식(Ionic order)이나 기둥머리를 아칸서스 잎으로 화려하게 장식한 코린트 양식

(Corinthian Order)도 아닌 장중한 모양의 도리스 양식(doric order)이었다. 그리고 로마건축물에 쓰이던 몰타르나 시멘트 같은 접착물이 사용된 흔적도 전혀 없다. 이런 점에서 못 종류를 사용하지 않은 우리의 전통목조 건물처럼, 파르테논은 완전하게 돌만 사용한 석조 건축물이다. 풍파의 세월을 견뎌내고 아직도 우뚝 서있는 기둥들을 보며, 파괴를 일삼는 전쟁이 인간의 정신으로 창조해낸 예술만은 지배할 수 없다는 생각을 해본다. 파르테논신전이 건축되기 전, 이 자리에서 소크라테스, 플라톤, 아리스토텔레스가 자신들이 창조해낸 철학 사상을 시민들에게 설파했을 모습을 떠올려본다. 또한 이곳에서 호메로스의 〈일리아스〉와 〈오디세이아〉같은 신화와 영웅을 담은 서사시, 티르타이오스와 솔론, 아나크레온의 교훈시가 읊어졌을 모습도 상상해본다. 아무래도 그 시절의 압권은 절묘하고 절제된 언어 표현과 예민한 감수성, 내면의 열정적 감정을 은유적으로 아름답게 표현한 사포(Sappho)의 질투의 시가 아니었는지 추측해본다. 역사상 최고의 여류시인으로 평가받는 사포(Sappho)가 사랑하는 여인인 아티스의 변심을 보고 애증의 마음을 그대로 그려낸 사랑의 시를 마음 속에서 읊어 내린다.

그는 생명을 가진 인간이지만
내게는 신과도 같은 존재.
그가 너와 마주앉아

달콤한 목소리에 홀리고
너의 매혹적인 웃음이 흩어질 때면

내 심장은 가슴속에서
용기를 잃고 작아지네.
흠칫 너를 훔쳐보는 내 목소린 힘을 잃고
혀는 굳어져
아무 말로 할 수 없네.
내 연약한 피부 아래
뜨겁게 끓어오르는 피는
귀에 들리는 듯
맥박 치며 흐르네.
내 눈에는 지금 아무것도 보이지 않네.

온몸엔 땀이 흐르고
나는 마른 잔디보다 창백하게
경련을 일으켜
죽음에 가까이 다가가는 것 같네.
하지만 모든 것을 견뎌야 하지…….
(중략)

사포(Sappho) - 〈질투의 시〉 중에서

2,600여 년이 지난 시(詩)라기 보다는 현대시에 가까울 정도로 시차를 뛰어넘은 아름다운 애증의 시다. 사랑의 감정은 그 시대나 지금이나 변함이 없기에 시대를 초월해 공감이 가는 것이 당연하다. 그리고 사포의 고향인 레스보스(Lesbos) 섬에는 남

성이 부족해 여성동성애가 성행했던 곳이었고, 여성 동성애자를 '레즈비언'(lesbian)으로 불리는 안타까운 사실도 떠올랐다. 파르테논 신전을 다시 한 번 돌아본 뒤, 6명의 소녀상이 있는 에레크테이온 신전도 둘러보았다. BC 421~406년에 이오니아식으로 건축된 이 신전은 희랍신화의 영웅인 포세이돈 에레크테우스를 주신(主神)으로 하고 그 외의 제신(諸神)을 위해 건축된 복합적 건물이다. 규모면에서는 작았지만 오히려 파르테논 신전보다 예술성이 뛰어난 것으로 보였다. 그리고 지금은 비록 유적으로 남아있지만 객석이 3단에 53열, 수용인원은 18,000명이었던 거대한 디오니소스 극장도 보았다. BC 6세기에 드라마 예술을 목적으로 세워진 이 극장은 한 때 소실되었다가 로마시대에 이르러 예술가이자 집정관이었던 리코우르고스에 의해 복구되었고, 시간이 지나면서 확장 공사를 해 검투장으로 사용되었다는 안내판의 설명이다. 아크로폴리스를 다 돌아본 후 입구로 내려오면서 서구문명의 기원이 되었던 희랍과 그 문명을 꽃피웠던 로마의 문화와 건축, 철학과 문학, 과학과 신화, 정치와 민중들의 생활을 간단하게 하나씩 대비시켜 꼼꼼히 정리해보았다. 건축물로는 희랍에 섬세한 파르테논 신전과 에레크테이온 신전이 있다면 로마에는 웅장한 콜로세움과 판테옹이 있다는 것, 희랍에서 인과성에 따른 필연성이 우주를 지배한다는 스토아철학(금욕주의철학)이 탄생했다면 로마에서는 스토아철학이 유행했다. 문학에서는 희랍에 호메로스가 있었다면 로마에는 키케로가 있었고, 과학 분야에서는 희랍에 히포크라테스, 아르키메데스, 피타고라스가 있었다면 로마에는 천동설을 주장한 프톨레마이오스가 있었다. 그리스 신화와 로마신화는 용어만 다를 뿐, 내용 전체가 비스무리하다. 정치제도는 아테네가 플라톤의 철인정치에 영향을 받아 민주정치를 구현했고 현대 민주주의에 지대한 영향을 주었다면, 반대로 로마는 왕정에서 견제와 균형을 위해 삼권이 분립되었던 공화정(共和政)으로 다시 군주가 다스리는 제정(帝政)으로 넘어감으로 진정한 민주정치는 존재하지 않았다는 것으로 끝을 맺는다. 종합해볼 때 인간중심적이며 합리적인 희랍문화, 실용적인 로마문화로 나름 판단해보았다. 서구문명에 지대한 영향을 준 두 문화를 비교해 보며 내려오다 바울이 전도설교를 했던 언덕을 다시 한 번 마주친다. 그리고 사도바울

의 신학사상은 희랍철학에 많은 영향을 받았다는 결론도 내려 본다. 유적들을 살펴보고 주차장에 내려오니 정오를 한참 지난 오후 3시다. 배가 출출해오고, 동포들이 6가지의 그리스 정식 해물요리가 나오는 레스토랑에서 대접하겠다며 번화한 거리를 지나 주택이 들어찬 곳으로 인도한다. 건물은 허름하지만 분위기만큼은 한국 노포음식점처럼 식객들로 오글거린다. 사진이나 유튜브(You Tube)의 동영상에서 본 것처럼 그리스 음식자체가 정갈하게 보였고, 정해진 코스에 따라 나오는 음식을 먹어보니 대체적으로 맵고 짜거나 느끼하지 않고 깔끔하지만 뒷맛은 밋밋하다고 느껴졌다. 생선이나 육류를 조리할 때 올리브유와 레몬즙과 허브를 많이 사용하고, 생선이나 육류가 완성된 다음에는 싱싱한 토마토, 오이, 가지, 파슬리, 무화과, 피망, 샐러리, 콩 등이 버무려진 샐러드가 그 위에 놓여졌다. 그리고 샐러드 위에는 차차키(Tzatziki)로 보이는 하얀 소스(sauce)가 뿌려져 있었다. 이 음식에 빵과 포도주, 양젖으로 만든 치즈도 함께 나오는 것이 이곳의 전통이라고 한다. 먹어본 요리 중에는 한국인 입맛에 익숙한 굴, 홍합, 문어 요리도 있었다. 지금 내가 사는 동네는 이태리계와 그리스계의 집성 지역이고, 동네 그리스식당을 찾아 먹어본 것이라고는 양고기꼬치구이에 샐러드, 튀긴 감자, 아스파라거스가 올라 오는 수블라키(Souvlaki)와 고기와 야채를 볶아 차차키(Tzatziki)를 뿌려먹는 무사카(Moussaka), 빈대떡 같은 빵에 양고기를 싼 기로스(Gyros), 쌀과 고기를 포도 잎에 싸서 쪄낸 돌마데스(Dolmades), 파스타치오(Pastitsio)가 전부였다. 어쨌든 정이 들어간 한국음식보다 걸쭉하지는 않았지만 지중해 지방에서 생산되는 천연재료를 그대로 살린 그리스음식은 건강과 장수에 도움이 되는 식품이라고 나름 평가해 보았다. 그리스인들의 평균수명이 일본인과 비슷한 것이 이를 증명한다. 식사를 마치고 대통령궁과 국회의사당 그리고 올림픽경기장이 있는 시내로 향했다. 대통령궁과 국회의사당 건물은 학교건물처럼 단출했다. 건너편 올림픽 경기장을 둘러보았을 때는 상상했던 것보다 규모가 커서 놀랐다. BC 329년부터 아테나 여신을 위한 축제장소인 파나티나이코가 근대에 와서 5만 명을 수용할 수 있는 경기장으로 탈바꿈하고, 1896년에는 최초의 올림픽이

개최된 역사적인 장소가 된다. 최초라는 수식어가 붙은 만큼 2004년 아테네 올림픽 때는 기원전부터 이어져온 양궁과 마라톤 도착점으로 정해놓았다. 이유는 올림픽이 시작된 국가라는 이미지를 전 세계에 홍보하기 위해서 였다고 한다. 원형경기장인 콜로세움은 여러 방향에서 입장할 수 있지만, 파나티나이코는 말발굽모양의 U자(字) 형태여서 비어있는 전면만 출입구로 사용하게 되어있다. 올림픽경기장을 마지막으로 아테네 일정을 마치고 돌아가는 차 안에서 목사님이 한인식당에 짬뽕 5인분을 주문한다. 통화가 끝나고 이어 아테네에 5개의 한식당이 있었는데 이번 코로나 유행으로 두 곳이 문을 닫고 세 곳만 남았다는 말을 한다. 마지막까지 우리에게 최선을 다해 대접하려는 모습은 감동적이다. 외국에 살면 만나는 동포가 형제나 자매와 같다는 이민선배들의 말이 허튼소리가 아니다. 백발은 한 사람의 살아온 역사를 나타내듯, 그의 흰머리에서 36년 동안의 이민생활을 보는 것 같아 가슴이 싸하다. 이어 많은 나라를 돌아다녀보았지만 미국은 한 번도 가본 적이 없다는 그의 말에, 뉴욕에 오시면 성심껏 대접하겠다는 말을 건넸다. 밤 10시를 넘기고, 다시 한 번 뉴욕에 꼭 오시면 가이드가 되어주겠다는 말로 인사를 하며 헤어진다. 아쉬운 마음에 차에 올라서는 그의 모습을 보고, 이내 차는 신호등을 지나 어둠속으로 사라진다. 건강하며 계속해서 지금처럼 아름다운 이민생활이 이어지도록 마음속으로 빌며 숙소로 들어간다. 그리고 잠들기 전, 아름다운 환경을 갖고 있는 그리스가 일본 다음으로 많은 부채국가가 된 이유에 대해서 이전에 시청했던 다큐멘터리를 토대로 분석해보았다. 1970년대까지는 GDP대비 국가 부채가 23%밖에 되지 않아 오히려 일본보다 우등국가였지만 1981년 사회당이 집권하면서 복지정책을 남발하고, 일자리 창출이라는 명분아래 인구 중 1/5명을 공무원으로 채용할 정도로 과도한 증원이 부채의 원인이었다. 사실 이보다 더 큰 원인은 로스차일드가가 관여되어 있는 골드만 삭스(Goldman Sachs Group Inc)의 사악한 계략이 배경이다. EU 가입조건은 국가 재정적자가 GDP의 3% 미만에 국가부채는 GDP의 60% 미만이어야만 했지만 그리스는 가입 전까지 한 번도 이 조약조건을 충족시키지 못했다. 그럼에도 골드만삭스는 이 조약을 무시하고 그리스와 100억 달러 규모의 달러표시 채권을 스와프(Swap)형식으로 2002년에 체결했다. 몰래 이루어진 이 스와프 채무는 통계상 국가 채무에 잡지 않는다. 그럼에도 그리스는 재정적자 수치가 2%이하라는 거짓통계까지 작성해 유로가입국가에 제출하고 EU에 가입하였다. 한마디로 거짓 서류를 제출한 것이다. 유로 존에 가입하려 조작된 서류는 그리 큰 문제는 아니었지만, 더 나쁜 상황을 맞이한 것은 이후 골드만삭스로부터 다시 28억 유로를 빌리는 것이 큰 문제가 되었다. 빌리는 비용으로만 6억 유로를 지불했다는 것은 사채업자의 폭리와 같다. 빌린 28억 유로의 이자가 불어나 3년이 지난 2005년에는 28억의 2배인 51억 유로가 되었다. 골드만 삭스의 음모에 의해 2009년에는 재정적자가 기하급수적으로 늘어나고, 거짓말이 거짓말을 낳듯 이런 불리한 문제를 감추기 위해 국가가 나서 분식회계까지 자행하는 우를 범한다. 분식회계가 탄로난 순간, 그리스의 국가신용등급이 디폴트까지 추락하고, 대출해줬던 금융기관은 자금회수에 들어감에 따라 결국 그리스경제는 혼돈에 빠지면서 국제금융기관인 IMF나 World Bank에 구제를 요청하게 된다. 드라크마(Drachma)를 사용할 때는 정부가 필요에 따라 마음대로 화폐를 발행할 수 있었다. 하지만 유로존에 편입된 이후부터는 통화나 외환정책을 마음대로 행할 수 없는 상황이 되다 보니 재정부채가 급등하게 된다. 설상가상으로 국제금융기관으로부터 추가로 돈을 빌려올 수 없는 상황이 되자, 만기가 다가오는 부채를 갚기 위해 계속 해서 국채를 발행해 헐값에 팔아치우는 악순환이 국가부채를 기하급수적으로 증가시키는 요인이 된다. 이 모습을 본 한국의 수구보수정당이나 이런 정당을 추종하는 함량미달인 사람들은 포퓰리즘(Populism) 복지정책이 그리스를 몰락하게 만들었다고 정치선전을 한다. 하지만 그리스 몰락상황과 전혀 맞지 않는, 그야말로 머리에 똥만 가득한 무식인들의 어불성설에 불과하다. 분석해 보면 유론 존에 가입하기 위한 거짓정보나 복지정책이 아닌, 한국 금융시장에 빨대를 꼽고 다 빨아 마셨던 Lone Star와 같은 흡전귀(吸錢鬼) 골드만삭스라는 투자금융회사와의 잘못된 만남이 현재에 이르게 된 것이다. 그리고 부자들의 탈세와 뇌물이라는 부정부패가 그리스를 몰락시킨 원인으로도 꼽힌다는 것도 부인할 수 없다. 뇌물이 일상화된 그리스에서 해마다 10-13억 유로가 뇌물로 오가며, 탈세는 2-300억 유로정도 된다고 얼마 전 국제투명성기구(Transparency International)에서 발표한 적이 있다. 탈세가 2-300억 유로면 그리스 재정적자의 2/3인데 바나나공화국들처럼 그야말로 탈세왕국이라 오명을 벗어날 수 없다. 제조업이 6%도 안 되는데 관광과 해운산업이 90%가 넘는 기형적인 산업구조, 비싸진 노동임금이 몰락에 영향을 줄 수는 있다지만, 세계적인 경제석학들은 무자비한 미국 금융자본의 침투와 국내에 만연된 부정부패에 의해 그리스가 나락으로 떨어졌을 뿐이라고 말한다. 그런 점에서 이전부터 실행했던 똑같은 복지정책이 그리스를 국가파산으로 몰고 갔다는 한국 수구꼴통들의 해괴한 주장과 전혀 다른 미국 신문들의 칼럼내용을 기억해내며 잠자리에 든다.

10. 불가사의한 공중수도원 메테오라.

집을 떠나온 지 열 하루째, 이번 발칸반도 여행은 종말을 향해 치닫고, 선배의 조언에 따라 아테네에서 북쪽으로 360Km 거리인 테살리아 지방의 메테오라(Meteora)수도원으로 향한다. 어제는 적은 양의 스콜(squall)이 거리를 적시였지만 오늘은 구름이 끼고 바람이 살랑거리는 심드렁한 날씨이다. 하지만 피부가 얇아 약한 햇빛에도 좁쌀 같은 땀띠가 나는 나에게는 오히려 흐린날씨가 여행하기에 적합하다. 어제 왔던 E75를 타고 거꾸로 올라간다. 그리고 E65로 바꿔 타고 계속해서 올라가니 E92번을 만난다. E92번에서 빠져나와 사행천처럼 꼬불꼬불한 산길을 30분 정도 따라가니 멀리 여러 개의 작은 테이블 마운틴이 우뚝 서있고, 각자의 테이블 마운틴 정상에 홍매와 다홍의 중간 색깔인 지붕들이 보인다. 그곳에 도달하기도 전에 세계 10대 불가사의 건축물 중 하나로 꼽히는 이 건물들을 보니 벌써부터 감개무량하다. 독특한 풍경의 메테오라(Meteora)는 그리스어로 "공중에 떠 있다"는 뜻으로, 그리스 정교회의 수도원

이다. 바위의 높이가 평균 300m이고, 가장 높은 곳은 550m이라고 하니 가히 공중에 떠 있는 수도원이라고 할만하다. 유네스코가 특이한 자연경관 속에 세워진 비잔틴식 종교 건축물의 가치를 인정해 1988년 세계복합유산으로 지정했다. 이 수도원들의 역사는 11세기부터 수도사들이 이곳 동굴에 은둔하며 수도하기 시작했고, 한참 지난 14세기에 들어서는 그리스 교부였던 聖 아타나시우스(Athanasius)가 최초로 수도원을 세웠다고 전해진다. 이후 1453년 오스만 제국이 비잔틴 제국을 무너뜨리며 세력을 확장해오자 그리스 정교회의 수도사들이 이를 피해 메테오라에 모여들어 수도원을 짓기 시작했는데 그 수가 무려 24개가 넘게 되었다고 관광팸플릿에 설명되어 있다. 17세기 들어서 쇠락의 길을 걷다가 현재는 가장 규모가 큰 메테오라(Meteora)

수도원, 바를라암(Varlaam) 수도원, 로사노(Rousanou) 수도원, 성 니콜라스 아나파우사스(St. Nicholas Anapausas) 수도원, 007시리즈 〈For Your Eyes Only〉의 배경이 되었던 트리니티(Holy Trinity) 수도원 등 5곳과 성 스테파노(St. Stephen) 수녀원 1곳을 더해 총 6개의 수도원이 남아 있다. 아직도 이곳에 거주하는 소수의 수도자들이 세상과 단절하며 신앙생활을 하고 있다. 내부가 가장 아름답다는 성 니콜라스 아나파우사스(St. Nicholas Anapausas) 수도원을 찾았고, 입구에서는 시간별로 방문자의 수를 엄격하게 제한하고 있었다. 다행이도 입장하는 인원 중 맨 끝에 포함되었지만 잠깐 곤혹스러운 일이 발생하고 말았다. 매표소 앞에 있을 때까지 그리스는 유로연합국가의 일원이라 입장료는 유로화로 받는다는 것을 깜빡 잊고 있었고, 미화를 냈더니 창구직

원이 이곳에서 달러는 사용할 수 없다고 한다. 신용카드로 지불하려고 지갑을 다시 꺼냈더니 웃으면서 그냥 입장하라고 손짓을 한다. 엄지 척을 하며 감사하다고 했더니 기분이 좋았는지 팸플릿과 메테오라 수도원과 관련된 작은 기념품을 건네준다. 그의 선심에 발걸음은 가벼워지고 먼저 수사들이 거하던 숙소를 구경하고 난 다음 한 층 더 올라가니 절벽 밖으로 튀어나온 마루가 보인다. 마루바닥 중간에 네모나게 뚫려 있고, 그 옆에는 밧줄과 도르래, 큰 바구니가 보인다. 알고 보니 사람이든 물건이든 수도원에 접근하기 위해서는 도르래 밧줄에 매달린 큰 바구니를 이용해야만 한다는 생각이 퍼뜩 머릿속을 지나갔다. 한마디로 도르래 밧줄과 바구니가 승강기(엘리베이터)역할을 하는 것이다. 이 도구들을 보며 그 당시 식품을 비롯한 생활용품을 조달받는다는 것 자체가 힘들었을 것이다. 새는 날아갈 때 뒤를 돌아보지 않는다고 했던가. 이 수도원에 올라온 뒤로 저 세상으로 갈 때까지 한 번도 아래 땅을 밟지 않고 구도에만 집중하며 고립 속에서 살아간 수도자들의 삶을 상상해보니 세상 즐길 것 다 즐기며 살아가고 있는 내 자신이 부끄러워진다. 매일 그리고 순간순간 느끼는 고립은 우리가 자초한 비본질적 사회활동에서 오는 것이지만, 신에게 가까이 가기 위해 세속과 단절하고 구도의 길로 들어선 수도자들의 고립은 일반인과 전혀 다른 자발적 고립이다. 우리가 느끼는 고독은 본인의 의사와 상관없이 무질서한 외부와 연관되어 '홀로'라는 것을 느끼며 살아가는 세속적 영역이다. 그러나 수도사들이 느끼는 고독은 죽음이라는 미지의 세계에 대한 두려움과 무력함과 허무감과 외로움을 조금이라도 깨우치기 위한 신과의 접촉을 시도하는 정신영역이라고 생각해 보았다. 그러기에 우리가 느끼는 고독은 군집에서 일어나고 한 개인에게 전달되는 간접성이며, 수도사들이 느끼는 절대고독은 주체의 내부에서 발생하는 직접성이다. 이어 수도사들이 사용했던 소박한 부엌용기와 생활용기들을 보며 얼마나 금욕생활을 했는지 알 수 있었다. 이 용기들을 보자마자 "우리는 필요에 의해서 물건을 갖지만, 때로는 그 물건 때문에 적잖이 마음이 쓰이게 된다. 그러니까 무엇을 갖는다는 것은 다른 한편 무엇인가에 얽매인다는 뜻이다. 그러므로 많이 갖고 있다는 것은 흔히 자랑거리로 되어있지만, 그만

큼 많이 얽혀 있다는 뜻이다."라는 법정스님의 말이 떠올랐다. 더불어 "무소유란 아무 것도 갖지 않는 것이 아니라 불필요한 것을 갖지 않는 것"이라는 또 다른 그의 말마디도. 걸어온 길을 돌아보니 남보다 더 갖기 위해 질투하며 살아왔고, 때로는 경쟁자에게 곤란까지 얹어주고 기뻐하는 악독한 인간이었다는 느낌을 지울 수가 없다. 꼭대기에 올라서니 대여섯 명이 참석하기에 적당한 크기의 예배당이 보인다. 많은 성물들이 보이지만 그것보다는 15-6세기에 완성된 프레스코 화(畵)가 더 눈길이 간다. 하나하나 살펴보니 예수탄생, 재림, 사마리아 여인, 가나의 혼인잔치, 성 마리아의 죽음이다. 이 그림들은 보존상태 뿐 아니라 예술적 가치도 있어 보였다. 그림들을 찍으려고 셀 폰을 꺼내는 순간 남자직원이 다가와 예배당 내에서는 사진을 찍을 수 없다는 언질을 한다. 교회를 나오자 펜스가 쳐진 절벽에 사람들이 모여 주위경치를 본다. 하지만 하나같이 입을 다물고 있다. 사바세계와 동떨어진 좁은 공간에서 홀로 칩거하며 성스럽게 살다간 수도사들의 삶이 떠올라서일까? 아니면 매일 번거롭게 살아가던 일상이 사라지고 수도원에 흐르는 생소한 침묵과 마주해서 일까? 그것도 아니면 하늘과 맞닿을 것 같은 높은 곳에서 세상을 내려다보니 아옹다옹하며 살아가는 사람들이 보이고, 이 모습이 대비되어 자신들의 모습이 애처롭게 느껴져서 일까? 꼭대기에 있는 교회를 돌아보고 입구로 내려갈 때까지도 이들은 수행자들처럼 숙연하다. 여전히 침묵과 정적이 얌전하게 내려앉아있는 수도원. 수도원 바위에 앉아 낮에는 푸르디푸른 하늘을, 밤에는 초롱초롱한 별을 바라보며 혼신을 다해 기도했을 수도자들을 상상해본다. 그리고 폭설과 뇌우가 쏟아지고, 뙤약볕과 추위에 상관없이 사계절을 마주하며 한결같이 자성(自省)의 기도에 골몰했을 모습도. 좁은 공간에서 구도의 영혼으로 살다간 수도자들, 그리고 세속의 공간을 자유롭게 활보하며 살아가는 내 영혼을 비교해본다. 올라서서 세상을 훤히 바라보았을 수도자들, 그리고 용기가 부족해 오르기조차 시도하지 않은 옹졸한 내 속마음을 들여다보며, 또다시 거리의 방랑자가 되어 떠난다. 아쉬움에 달리는 차 안에서 돌아보는 메테오라는 내 영혼의 에덴동산으로 느껴지고, 구도의 길에 올랐던 수도자들은 내가 흙으로 돌아갈 때까지 별과 같이 때로는 달과 같이 빛나

는 모습으로 항상 내 가슴에 남아 있을 것이다. 차창 밖 멀리, 바람 위에 올라탄 여러 마리의 솔개들이 자유롭게 비행을 하고, 문득 미국작가 리처드 바크(Richard Bach)가 1970년에 발표한 〈갈매기의 꿈(Jonathan Livingston Seagull)〉에서 "가장 높이 나는 갈매기가 가장 멀리 본다(The gull sees farthest who flies highest)." 는 말이 떠올랐다. 이제는 어중간한 곳이 아닌 높은 곳에서 세상과 나를 보아야 한다. 그래야만 영혼이 지금보다 더 발전해 아름다운 시간을 만들 수 있다는 생각이 쏜살같이 머릿속을 지나간다. 알바니아로 들어가기 위해 메테오라를 떠나 150Km 쯤 달려 그리스에서는 크리스탈로피기(Kristallopigi), 알바니아에서는 빌리싯(Bilisht)이라고 불리는 국경에 도착했다. 그리고 국경을 넘어 40Km를 더 달려 맥주 생산도시로 유명한 코르차

(Korça)에 도착해 간단하게 점심을 먹는다. 또다시 40Km를 더 달려 호수의 도시 포그라데츠(Pogradec)에 도착해 북 마케도니아와 알바니아의 국경이 양분되어 있는 오흐리드(Ohrid)호수를 구경한다. 오흐리드 호수는 생각보다 넓고, 플라스틱 병이나 비닐봉투들이 심심치 않게 보이는 뉴욕의 호수들하고는 다르게 쓰레기가 없다. 환경이 깨끗하다 보니 토양오염도 없는데다 수질도 아주 맑아보였다. 자연은 신이 인간에게 부여해준 최고의 선물이며, 또한 인간은 이 지구를 잘 보존해 후손에게 물려줄 책임이 있음에도 소비를 미덕으로 삼는 현대인들에 의해 오물들이 넘쳐나 지구가 더러운 행성이 되었다는 것을 실감한다. 무분별하게 소비하고 마구 버려지는 쓰레기에 생태계질서가 무너진지 오래고, 공기까지 오염되어 동식물들의 수명이 단축되는 현실이 도래했다는 것은 누구도 부인할 수 없다. 쓰레기배출은 한국에서 1인당 일 년에 401Kg을 버림으로 세계 평균 260Kg보다 훨씬 많다. 쓰레기 배출량이 많은 국가로는 중국, 인도, 미국 순으로 이 세 나라가 전 세계 배출량의 40%를 훌쩍 넘겨 50%에 가깝다. 특히 땅이 넓어 매립할 곳이 많은 미국은 중국, 인도에 비해 폐기물 발생량이 재활용을 능가한다. 토지오염으로 인해 곡물이 급감하고, 또한 마시는 물은 수소이온농도가 Ph 5.8-8.5를 넘어서면 절대 안 되는데, 2배 가까운 수치를 보여도 중국이나 인도 정부는 아예 손을 놓고 있다. 수소 이온농도의 허용수치를 넘어서면 농업용수로도 부적합한데도 사람과 가

축에게 강제로 음용하도록 하는 국가들이 점점 늘어나고 있다. 수치에 능가하는 물을 음용하면 암에 걸릴 확률이 일반 사람보다 몇 배가 넘는다. 하지만 좋은 물을 마시면 암이 발생할 확률이 확연히 줄어든다는 것은 누구나 아는 사실이다. 물은 그만큼 육체에 중요하다. 또한 온실가스인 이산화탄소 배출량이 1년에 100억 톤인 중국, 50억 톤인 미국, 25억 톤인 인도가 전 세계의 60% 이상을 차지한다. 더 나아가 G20에 속한 국가들의 배출량을 보면 전세계 배출량의 80%가 넘는다. 간과할 수 없는 것은 2030년이면 한국은 1인당 탄소배출량이 세계 1위로 등극한다는 사실이다. 중국이나 미국에서 보듯이 고도의 산업화만이 세계패권국가가 될 수 있다는 비뚤어진 국가정책과 시민들의 무분별한 소비습관이다. 설상가상으로 시한폭탄과 같은 핵발전소의 위험성이나 핵폭탄 같은 고도로 위험한 군사장비로 인해 지구는 더욱 피폐해질 것이고, 급기야 다음 세기가 도래하기도 전에 가뭄이 지속되는 기후이상으로 인간의 터전은 풀 한 포기도 보이지 않는 황량한 불모지로 변할 것이다. 지구가 존속할 수 있는 방법은 단 한 가지, 인구감소와 더불어 각국이 산업화를 포기하고 고대사회와 같은 농경시대로 돌아가는 것이다. 하늘이 무너져도 본연인 이기심을 내려놓지 못할 것이기에 이것 역시 가능성이 없는 백년하청(百年河淸)이다. 또한 마음 한편에는 알게 모르게 모든 생명체들이 방사능에 피폭되는 시대를 살아가고 있다는 애처로운 마음이 쉽사리 가시지 않는다. 공해에 시달리지 않는 세상을 소망하며, 이어 무거운 마음으로 알바니아 수도 티라나로 발길을 돌린다. 2시간 남짓 달려온 티라나의 번화가에는 어스름이 내려앉아있고, 지글거리던 햇볕을 피해 꽁꽁 숨어있던 사람들이 하나 둘씩 도심거리로 모여들더니 반시간도 지나지 않아 서로 어깨가 부딪칠 정도로 인산인해를 이룬다. 단출한 복장의 젊은 여인들이 쇼윈도 앞에서 진열된 상품에 대해 이야기를 나누는 모습이 눈에 띠고, 티라나의 소박한 환경은 마치 1990년대 서울의 모습이다. 밤 11시를 넘어서고, 숙소로 돌아가는 길가에 늘어선 가로등 불빛은 발을 옮길 때마다 여인의 눈망울처럼 아롱거린다. 하인리히 뵐(Heinrich Böll)의 소설 〈그리고 아무 말도 하지 않았다〉는 제목처럼 이별 앞에선 아쉬움에 나와 동문선교사는 아무 말도 하지 않고 걷기만 한다. 턱까지 올라오는 숨을 내뿜으려 고개를 들어 보는 밤하늘엔 일엽편주가 된 반달이 두둥실 떠있다. 달을 보는 순간 인상파 음악가인 Debussy의 〈달빛〉이라는 짧은 피아노곡이 머리를 스쳐지나간다. 내일이 지나고 모레 새벽이면 알바니아를 떠난다니 아쉽다. 〈파우스트〉에서 '순간에게 고하노니, 멈추어라, 그대는 너무나도 아름답구나.'라며 통곡하던 마지막 장면이 지금의 나의 심정을 대변하고 있다. 지칠 줄 모르고 내달리는 시간 앞에서는 창조주의 능력도 소거(消去)된다는 것을 암시하듯, 무상(無常)안에 갇힌 인간에겐 떠남이란 당연히 받아드려야 할 운명이다. 더불어 아쉬움을 느끼고 있는 자체는 바

스락거리는 욕심에 대한 우리의 미련일 뿐이다. 시간이란 침묵의 리듬을 타고 저승으로 안내하는 Thanatos와 같다. 그러기에 인간은 시간의 내연(內緣)이며, 이 땅에 눈곱만큼의 잔재도 남기지 않고 깡그리 사라지는 허상에 불과할 뿐이다. 미련, 이별, 사랑, 슬픔, 기쁨도 잠시 나타났다 사라지는 불꽃같은 것인데 아쉬워하며 가슴에 담고 살면 무엇 하랴. 심장이 멈춰짐과 동시에 흔적도 없이 사라지고 말 것을.

11. 냉전의 잔재가 남아 있는 도시 Tirana와 무역항구 Durrës

좁다란 언덕길에 숙소가 있어 이른 새벽부터 소란하다. 부스스한 머리에 반쯤 감긴 눈으로 베란다에 나가보니 대학생들로 보이는 청년들이 연이어 언덕에서 내려오고, 시내 쪽으로 총총

걸음을 한다. 알고 보니 가까운 곳에 대학교가 있단다. 다시 침대로 돌아와 눈을 감지만 더 이상 잠이 오지 않는다. 내일 새벽 4시에 뉴욕으로 돌아가기에 오늘 머문 이 호텔이 이번 발칸반도여행의 마지막으로 잠자리이다. 아침도 거른 채 물건들을 주섬주섬 Backpack에 챙겨 넣고 스칸데르베그 광장으로 향한다. 이 광장은 15세기 중반 알바니아 독립을 위해 오스만터키제국과 헝가리에 맞서 싸운 군주이자 민족영웅인 스칸데르베그를 기념하기 위해 붙여진 이름이다. 둘러보니 유럽도시들이 광장과 교회를 중심으로 방사선모양의 거리가 형성되어 있는 것처럼, 역시 이곳 거리들도 스칸데르베그 광장을 중심으로 거미줄처럼 얽혀 있다. 그리고 이 광장이 도시 정중앙에 위치해 있다는 것을 짐작케 하는 것은 국립도서관, 국립문화궁전, 국립오페라극장, 국립알바니아은행, 시청, 거대한 모스크, 시계탑, 유명호텔들이 모여있기 때문이다. 광장 주위를 돌아보니 역사박물관이나 오페라하우스 등은 깨끗하

게 단장되어 있지만 왠지 모르게 공산국가 시절의 잔재가 남아 있는 느낌이다. 광장에서 한 블록만 지나면 서민들에게 제공하기 위해 천편일률(千篇一律)적으로 지어진 볼품없는 아파트가 대표적이다. 그리고 외관이 공산당 당사처럼 보이는 공공건물들과 공산주의가 무너진 후 흉물이 되어버린 전투벙커 등에서도 그 잔재가 확연히 나타난다. 재미있는 것은 알바니아 어딜 가나 벙커와 방공호를 쉽게 볼 수 있다. 300만 명도 안 되는 인구의 알바니아가 벙커와 방공호만 무려 75만개가 넘는 것은 1944년부터 1985년까지 41년 동안 장기집권을 했던 엔베르 할릴 호자(Enver Halil Hoxha) 때문이었다. 호자는 외세로부터 알바니아가 침공당할 수 있다는 불안 콤플렉스가 있어 4명당 1개의 벙커를 만들었고, 그러다 보니 인구 3억 명이 넘었던 소련의 벙커나 방공호보다 더 많게 되었다. 호자의 콤플렉스는 여기에 그치지 않고 국내에도 눈을 돌려 가용인원이 3만 명인 비밀경찰조직 시구리미(Sigurimi)를 창설하였다. 정권유지에 장애가 되는 정적을 숙청하는 공안정치를 하여 지금도 알바니아 국민들로부터 비판의 대상이 되고 있다. 그리고 여성인권은 당시 세계 최악이었을 뿐 아니라, 국가무신론을 주창하여 3만 명이나 되는 종교인들을 노동교화소와 정치범 수용소로 보내 혹독한 고문과 사형에 처하는 사악한 독재자로 기억한다. 하지만 태극기부대원들이 반민중적이며 반역사적인 독재자 이승만이나 박정희를 그리워하는 것처럼, 이곳 알바니아에도 피의 숙청자인 호자를 그리워하는 사람들이 있다고 한다. 그들은 열렬한 공산당원도 아닌, 냉전시대에서 자본주의로 전환되면서 사회로부터 낙오된 가난한 사람들이라고 한다. 알바니아인들에게는 스칸데르베그가 국민영웅으로 추앙받고 있지만, 이에 반해 나치와 파시스트에 맞서 알바니아 민족해방전선을 이끌었던 혁명가이며 독립운동가였던 호자가 지탄을 받는 것은 단 한 가지, 집권이후 국민을 위한 자신의 희생은 없고 오로지 정권유지에만 몰두한 악행 때문이다. 정치는 생물과 같은 것이고, 맛 들이면 야욕에서 벗어날 수 없다고 했던가. 국가의 지도자는 자신을 항상 성찰해 덕을 쌓아야 하고, 자신의 계획이 국민의 뜻에 합치되지 않으면 포기하므로 국민도 살고 자신도 산다는 것을 호자는 깨우치지 못했던 것 같다. 한마디로 호자가 비판 받는 것은 국민은 하늘이고, 민심은 천심이라는 공식을 무시한 결과다. 스탈린, 모택동, 김일성, 폴포트, 카스트로, 이디아민 같은 지박령(地縛靈)의 후예들이 국가권력을 쥐고 있는 한, 국민들의 고통은 갈수록 더해질 것이라는 안타까운 마음을 안고 광장을 떠나 40Km 거리의 항구도시 두레스(Durrës)로 향한다. 도착해서 보는 두레스의 이미지는 마치 소박했던 1980년대 인천의 연안부두와 같다. 로마시대에 세워진 연안(沿岸)의 망루와 기나긴 세월에 많은 부분이 유실되어버린 소극장을 보며, 영원할 것 같았던 제국도 시간 앞에선 홍로점설(紅爐點雪)과 같다. 시간을 마주하는 만물은 항구적불변이란 자체가 존재할 수 없으며, 종국에는 흔적도 없이 사라지는 일체제행무상(一切諸行無常)이다. 야망과 공명심에 집착하며 살아가는 사람들을 보면 가슴이 아리다. 자연의 순리에 따라 살아가야 함을 거부하고 욕망과 하나가 되어버린 인간들의 모습을 보며, 그들이 변화되기를 희망하는 것은 마치 낙타가 바늘귀를 통과하는 것과 같다. 멀리 이태리 바리(Bari)와 이곳 두레스를 오가는 거대한 페리가 눈에 들어오고, 이내 부두에 정박한다. 정박한 후10분쯤 지나니 사람들이 엄청나게 쏟아져 나온다. 사람들을 살펴보니 현지인들도 있지만 서구에서 온 젊은 관광객들이 대부분이다. 이 페리는 8톤 트럭 20대를 실을 정도로 거대하며, 승객과 수출입화물을 싣고 밤 10시에 이태리 바리(Bari)로 간다고 한다. 늦은 밤 바리(Bari)에서 페리에 오르면 이른 아침 두레스에 도착하고, 역시 늦은 밤 두레스에서 오르면 다음날 이른 아침 바리에 도착한다. 2000년대 초에 인천항에서 중국 청도까지, 동해항에서 러시아 블라디보스토크까지 봇짐장사들이 많이 이용했던 것처럼, 이태리와 알바니아를 잇는 교통수단으로 비행기나 자동차가 아닌 페리를 이용하는 일반인들이 의외로 많은 것은 봇짐장사로 생계를 이어가는 알바니아인들이 많기 때문이다. 이태리와 알바니아를 왕복하는 비행기가 하루 두 편 정도에 불과한데다 비용이 비싸고, 또한 육로를 이용하면 소비되는 시간이 2-3일이라고 한다. 여기에 연료비와 통행료가 더해지면 비용을 감당할 수 없기에 미화 80불 상당의 해상교통을 이용한다는 것을 You Tube에서 시청한 적이 있다. 물론 비용을 절감하기 위해 알바니아인들만 이용하는 것이 아니라 외국여행자들도 페리를 많이 이용한다. 밤에 출항을 기다리고 있는 이 페리는 어제나 오늘이나 젊은 여행자들에게는 낭만이, 생계를 꾸려가는 사람들에겐 애환이 절절이 서려 있을 것이다. 뙤약볕에 승선을 기다리는 사람들과 요트에서 파티를 즐기는 젊은 남녀들의 모습이 대비해 보인다. 가난한 사람들에겐 이승살이 신산(辛酸)과 같고, 부자는 기름진 음식으로 배를 채우며 살아가겠지만, 어차피 한정된 삶을 살아가야 하는 인생은 해시신루(海市蜃樓)에 불과하다.

저 배 바다를 산보(散步)하고
나 여기 파도 거친 육지를 항행(航行)한다.
내 파이프 자욱이 연기를 뿜으면
나직한 뱃고동, 바리톤 목청.

배는 화물과 여객을 싣고,
나의 적재단위(積載單位)는
'인생'이란 중량(重量).

지셴(紀弦) - 〈배〉

뜨거운 햇살이 가득 내려 있는 허름한 거리에는 무명화가들의 벽화와 가정마다 창가에 장식된 각색의 꽃들이 마음을 평화롭게 한다. 해변도로를 산책 중에 허기가 몰려오고 이어 가까운 해물 전문레스토랑으로 들어간다. 가격도 그리 비싸지 않아 적은 돈으로도 푸짐한 식탁을 만나니 기분이 좋다. 알바니아에서 생산되지 않아 프랑스에서 수입했다는 생굴과 임연수어, 새우, 홍합 등 푸짐하게 식탁에 올려놓았지만 내 가늠으로는 뉴욕의 1/4~1/5정도의 가격이다. 식사 중에 어스름이 내리고, 고개를 돌려 바라보는 바다엔 불 밝힌 화물선이 파도를 가르며 이태리방향으로 힘차게 항행하고 있다. 저 화물선을 보며 인생은 오늘이란 배에 승선해 고난의 파도를 한 고비씩 헤쳐 나가며 내일의 목적지에 도달하기 위한 기나긴 항해라고 생각해 보았다. 그러기에 인생이란 짧은 항로에서 경험되어진 것을 옮겨쓰는 단편이 아닌, 길고 긴 항해를 마치고 항구에 도착할 때 비로소 완성되는 장편소설과 같다. 선박자체가 우리의 항로를 지배하고 결정하는 것이 아니라, 우리의 목적지에 따라 항로가 결정되는 것처럼, 시간과 현실은 나에 의해서 움직이는 것이다. '왜 나에게만 이런 고난과 고통이 오는가. 세상살이 정말 슬프다.'고 한탄하면 정말 슬픈 세상을 살고 있는 패배자가 되는 것이고, '수많은 고난과 역경이 밀려오고, 이러한 아픔도 필연적으로 마주해야할 현실이며 인생의 한 부분이다.'고 초연하게 받아들이며 생활한다면 승리자가 되는 것이다. 고난과 고통이 아무리 길다한들 영원할 수 없고 자고나면 안개처럼 사라지는 것. 우연과 필연이 하나가 된 시간도, 그리고 시간을 따라 공전하는 환경도 아닌, 오로지 나 자신이 주체가 되어 스스로의 결단과 신뢰로 삶을 만들어가야 하는 것이다. 인생은 내가 만들어 가는 것이기에 이보다 더 아름다운 것은 없다. 식사 중에 다석 유영모 선생에 대해서 이야기가 오갔고, 실수로 유영모선생의 호인 다석을 다산이라고 했더니 동문선교사는 "다산은 정약용 인데 다산 유영모라니 어감이 좀 이상하다"며 고개를 갸우뚱한다. 한 번 뱉은 말을 거두어드리기가 싫어서 그냥 다산 유영모 라고 끝까지 버텼더니 하는 말이 "다산이 두 명이라니 이상하네. 다산 유영모?"라며 함박웃음을 터트린다. 견강부회(牽强附會) 했던가. 몇 년 전 여름에 아내와 같이 비행기를 타고가다 밖을 내다보니 산정상이 하얗게 보이기에 아내에게 "저기 만년설을 보라"고 했더니 "뭔 생뚱맞은 소리냐. 한 여름에 눈이 오냐? 저 거는 하얀 바위"라고 한다. 자세히 보니 바위이고, 실수를 인정 하기 싫어 끝까지 눈이라고 버티다 결국은 내가 이긴 적이 있었다. 재미있던 시간도 이제 이곳에 두고 떠나야할 시간. 탑승 하기 전에 PCR 검사를 받아야하기에 티라나 마더 테레사 공항으로 향한다.

12. 새벽 비행기를 타고 뉴욕으로 향하다.

새벽 4시에 출발하는 비행기라 아직 여유가 있어 동문선교사와 함께 차 안에서 쪽잠을 청한다. 이별은 한없이 슬프고 외롭고 떨칠 수 없는 고통이 동반되는 마음의 상처라고 했던가. 시간은 이별을 강요하고, 13일 동안의 여정을 마치고 뉴욕으로 돌아간다니 아쉬움이 썰물처럼 밀려온다. 내 마음대로 선택할 수 없는 오늘의 아쉬운 이별은 먼 훗날 소중한 추억이 되어 기억 속에 살아날 것이고, 그리움이 될 것이다. 아니, 아쉬움을 이 자리에서 미련 없이 버리고 떠날 때 오늘의 이별은 시들지 않는 추억으로 남을 것이다. 내 일거수일투족에도 같이 해주었던 동문선교사에게 감사의 보답으로 뉴욕을 방문하면 동행해주겠다는 말을 전하고 공항청사로 향한다. 아쉬운 표정으로 청사까지 따라와 손을 흔들어주는 동문선교사. 항공권검사를 마치고 출국심사장으로 들어서자마자 몸을 틀어 답례로 손을 흔들어 보이려는 순간 빠른 속도로 문은 닫혀가고, 나를 주시하고 있는 그의 모습이 빈틈사이로 잠깐 보이더니 순식간에 사라져버린다. 뉴욕으로 돌아가면 당분간 그의 모습을 볼 수 없다고 생각하니 텅 빈 들판에 서있는 것처럼 마음이 허전하다. 그리고 탑승게이트에서 기다리는 시간도 잠시 오스트리아 비엔나로 가는 비행기에 몸을 싣는다. 비행시간이 한 시간 반도 안 되는 짧은 거리라 수면을 취할 수가 없어 이번 방문했던 곳들을 순

서대로 정리해보았다. 정리가 끝나는 순간, 프리드리히 니체(Friedrich Nietzsche)가 여행자를 5단계로 나누었던 내용이 떠올랐다. 1단계는 여행은 했지만 아무 것도 못한 사람, 2단계는 세상에 나가서도 자신만 들여다보는 자아도취적인 사람, 3단계는 세상을 관찰하고 무언가를 체험한 사람, 4단계는 체험한 것을 머리에 담고 와서 지속적으로 자기 생활로 연결하는 사람. 5단계는 관찰하고 체험한 것을 자기 것으로 동화시킨 다음, 삶의 터전으로 돌아오자마자 반드시 실천으로 옮기거나, 혹은 작품으로 되살리려는 사람으로 나누었다. 마치 '무식한 사람이 무식하다는 것을 모르는 것은 바보천치와 같으며, 무식한 사람이 무식하다는 것을 알고 있으면 그는 무능한 사람이다. 유식한 사람이 유식하다는 것을 스스로 깨닫지 못하고 있다면 잠에서 깨어나지 못한 사람이며, 유식한 사람이 유식하다는 것을 아는 것은 그가 지혜로운 사람이니 그를 따르라'는 아라비아 속담의 내용과 엇비슷하다. 이번 여행을 통해 여행의 목적은 마음을 열어 사는 법을 배우고 생활을 바꾸는데 있다는 것을 다시 한 번 배운 시간이었다. 그리스는 그렇다 치더라도 방문했던 발칸 국가들 대부분이 역사에 비해 화려한 유적들은 없지만 인성만큼은 미국이나 서유럽 사람들보다 소박하고 겸손하다는 것, 또한 공산세계의 의식이 아직도 가시지 않아서인지 환경은 물론 쓰레기 배출에 대해서도 조심스러운 이미지였다. 그리고 산업화가 덜된 탓인지 개발도상국이 모인 동구보다도 오히려 대기환경의 오염도가 덜하다는 것을 호흡을 통해 확연히 느낄 수 있었다. 이런 점들을 상세하게 메모를 하다 보니 어느덧 오스트리아 비엔나 공항에 도착한다. 과거와 달리 환승구역으로 이어지는 부스에서 이민관들이 승객들의 여권과 얼굴을 자세히 대조하고, 소지품들을 세밀하게 검사하는 것으로 보아 공항 분위기가 평소와 달리 예사롭지 않다. 삼엄한 이유를 알고 보니 내일 새벽에 문재인대통령이 2박 3일간 오스트리아 국빈방문을 한단다. 그의 오스트리아 국빈방문은 한국이 개도국 위치에서 벗어나 4차 산업을 선도하는 국가라는 것을 인정하는 큰 사건이다. 한국전쟁 이후 비약적 발전을 한 한국은 개도국뿐 아니라 서구국가에서도 롤 모델이 되고 있는 것에 가슴이 벅차오른다. 1990년 대 말, 국가부도의 위기를 극복하고 현재의 위치에

도달한 것은 정치지도자의 리더십도 중요하지만 국민의 단합된 힘에서 온 것이다. 국가의 역사가 시작된 BC 2333년부터 현재까지 끊임없는 외세의 공격으로 수난을 겪은 역사는 있었지만, 그들이 결코 우리를 침략할 수 없었던 것은 다른 민족과 달리 韓民族만이 갖고 있는 강철같이 굳건한 주체성과 뼛속까지 애국심으로 충만 되어있는 단결력 때문이다. 13세기 원나라의 침략과 20세기 초 일제강점기에 창씨개명이나 황국신민화 교육, 궁성요배 등 더러운 계략에도 동화되지 않고 국민모두가 끝까지 투쟁해 자유와 해방을 쟁취했던 역사가 그것을 증명한다. 더불어 미국에 정착한 이민자들이 조국을 잃어버리고 이곳 문화에 쉽게 동화되어 버리는 경우도 있지만, 1세대나 1.5세대, 심지어는 2세대들도 자신이 한국인임을 잊지 않고 우리의 전통을 지키며 살아가는 경우도 비일비재하다. 어디에 있어도 내 정체는 한국인이며, 어디를 가도 한국인이라는 자부심을 가지고 행동한다. 조국의 대통령의 국빈방문이라는 뿌듯한 마음도 잠시 뉴욕으로 향하는 비행기에 올라탄다. 탑승하자마자 쌓였던 여독이 급작스레 밀려오고, 드디어 뉴욕으로 가는 비행기에 올라섰다는 안도감은 제트엔진의 굉음도 음악처럼 들린다. 9시간 후면 가족을 만날 수 있다는 설렘도 잠시, 무거워진 눈꺼풀은 급하게 아래로 내려앉고 이내 사물을 식별할 수 없는 어두움에 갇힌다. 그리고 얼마나 지났을까. 기체가 하강하는 느낌이 들어 깨어보니 내비게이션은 캐나다 뉴펀들랜드와 보스턴을 지나 뉴욕 공항에 접근하고 있었다. 온도는 출발했던 날보다 많이 올라가 섭씨 30℃라는 것도 알려준다. 뉴욕공항에 도착하니 고향에 온 것처럼 반갑다. 오늘은 토요일, 그리고 정오. 음식을 차려놓고 가족이 나를 기다리고 있을 것이다. 어서 집으로 가고 싶다는 마음이 동하고, 기분 좋게 노란 택시에 올라단다. 차창 밖으로 눈에 익숙한 거리가 생소해 보일 정도로 녹음이 짙어져 있다. 열사흘이 흐른 6월 중순, 뉴욕의 시간은 그렇게 지나 지금의 이런 모습을 하고 있었고, 나 역시 이전과 다른 눈으로 세상을 보고 있었다.

나를 찾아 떠나는 여행

미국 이민생활과 발칸반도 여행기

펴낸날	2023년 4월 17일 초판1쇄 발행
지은이	배건수
펴낸이	이명권
펴낸곳	열린서원
출판등록	제300-2015-130호(1999.3.11.)
주소	서울특별시 종로구 창덕궁길 117, 102호
전화	010-2128-1215
팩스	02)2268-1058
전자우편	imkkorea@hanmail.net

값 18,000원

ISBN 979-11-89186-25-8 03980

※ 이 도서에 국립중앙도서관 출판사 도서목록은
e-CRP홈페이지(http://www.nl.go.kr/ecip)에서 이용하실 수 있습니다.